草原牧业实用技术

2018

全国畜牧总站　编

中国农业出版社

北　京

编委会成员单位

主持单位：

　全国畜牧总站

参加单位：

　中国农业大学动物科技学院

　中国农业科学院草原研究所

　兰州大学草地农业科技学院

　内蒙古农业大学草地生态学院

　甘肃农业大学草业学院

　内蒙古大学经济管理学院

　四川省草原科学研究院

　河北省农林科学院农业资源环境研究所

　宁夏农林科学院植物保护研究所

编 委 会

编 写 组

主　　编：李新一　董永平　尹晓飞

副 主 编：王显国　侯扶江　刘忠宽　张焕强　刘昭明

编写人员：李新一　董永平　王显国　尹晓飞　侯扶江

　　　　　刘昭明　刘忠宽　张焕强　吴新宏　张　蓉

　　　　　李青丰　钱贵霞　周　俗　戎郁萍　罗　峻

　　　　　柳珍英　王加亭　陈志宏　刘　彬　杜桂林

　　　　　齐　晓　赵恩泽　邵麟惠　闫　敏　薛泽冰

　　　　　赵鸿鑫　李　平

技术撰稿（按姓氏笔画排序）：

　　　　　王占军　王伟共　乌铁红　史长光　刘天华

　　　　　刘桂霞　李刚勇　李青丰　杨廷勇　杨志敏

　　　　　吴建国　吴春会　吴新宏　辛晓平　张焕强

　　　　　陈积山　郑群英　侯扶江　钱贵霞　郭郁频

　　　　　唐川江　黄志龙　董永平　鲁　岩

前　言

我国正在大力推进农业供给侧结构性改革，加快发展草牧业，饲草料生产体系建设和草畜结合发展形势喜人、前景光明。广大草业科技工作者积极顺应新时代要求和产业需要，开展了一系列草业新技术的研究开发和中试熟化工作，积累了一批先进实用成果。

为了将这些成果尽快转化应用到生产实践中，提高我国草牧业和草业可持续发展的科技水平，我们组织有关大专院校、科研院所和技术推广部门，根据成果的持有情况和生产需要，分批次收集、整理并汇集成册。技术成果分为饲草资源、规划设计、建植管理、牧场改良、绿色植保、产品加工、草种生产、放牧管理、草畜配套、统计监测等 10 类。经专家审核后，分别编辑出版《草业生产实用技术》和《草原牧业实用技术》，以期对教学科研、技术推广等机构，以及企业、农民专业合作社和农牧民等各类生产经营主体开展草牧业和草业生产等工作起到引领、指导和帮助作用。

本书共收集草原牧业实用技术 27 项，其中放牧管理技术 6 项、绿色植保技术 4 项、牧场改良技术 7 项、饲草资源技术 1 项、规划设计技术 1 项和统计监测技术 8 项。共有 74 位技术持有者或者熟悉技术内容的专家学者、技术推广人员提供了技术方案，经全国畜牧总站和 13 位省区技术推广机构人员收集、汇总，10 家高等院校、科研院所和技术推广部门的 32 位专家完成了书稿的编写和修改工作。在此，谨对各位专家学者、技术人员以及相关单位的辛勤付出表示诚挚的感谢！

由于我国地域广泛，发展需求多样，适宜不同地区的技术持有情况不同，本书收集的技术还不能完全满足各地区、各部门和广大读者的需求，加之时间紧张、能力有限，不足之处敬请读者批评指正。

编　者

2020 年 1 月

目　录

放牧管理

牧场改良

四川省草地资源清查技术与方法

一、清查背景

20 世纪 80 年代，四川省组织开展了第一次草原资源普查。草原资源普查数据为制定草原生态保护建设规划、实施草原生态工程、发展牧区经济社会事业提供了重要的基础。时隔 30 多年，全省草原类型、分布范围都发生了一些明显变化，第一次草原资源普查数据已不能全面、准确地反映全省草原资源现状，已不能适应党的十八大、十九大关于生态文明建设和全面深化草原生态文明体制改革的需要。随着国家生态文明建设宏伟蓝图的实施，国家对草原保护建设的力度正进一步加大，草原基础信息的作用日益重要，组织开展草原资源清查已显得十分迫切和重要。为掌握全省草地资源、生态和利用状况等本底资料，提高草原精细化管理水平。2017—2018 年，四川省组织开展了草地资源清查工作。

二、主要任务

(一) 草地资源调查

1. 草原面积、类型及分布

在遥感判读基础上，结合外业路线调查，确定草原类型界线及分布，并结合高程数据，计算各类型草原的面积，汇总草原总面积。

2. 草地生产力及利用现状调查

根据各类型草原外业调查定位点实测数据，结合相应点植被指数采样值，分别拟合并建立不同类型草原产草量估算模型，估测各类型天然草原产草量及载畜能力，并调查确定草原的利用方式。

(二) 人工草地及饲草料资源调查

包括人工草地保留面积、牧草品种和产量、草产品加工及销售情况、农副产品饲料化资源化利用情况及数量。

（三）草原退化调查

主要是草原鼠荒地（黑土滩）、沙化、板结化、毒害草以及草原鼠虫灾害调查，并按重度、中度、轻度进行草原退化分级。

（四）自然社会经济调查

主要以入户访问调查方式，了解当地草原鼠虫种类及危害区域、草产品利用、农副产品饲料化资源及利用、畜牧业经营、人口和社会经济发展状况等情况调查。

三、技术路线

本次草原清查的技术路线是，在典型区调查和路线调查的基础上，充分利用 3S 一体化集成技术在空间定位、分析和管理以及可视化表达等方面的优势，以高分影像数据为主要数据源，结合 20 世纪 80 年代草原调查简称草原一调、第二次全国土地调查（以下简称国土二调）等数据，统一标准和程序，结合现代信息技术和数据库技术，快速、科学、高效地完成全省草地资源调查。其工作流程和技术路线见图 1。

草原清查工作流程主要包括 3 大环节：底图制作、外业调查、内业修正与汇总。

底图制作：底图制作是综合最近一次草地资源调查图件和国土部门等草地相关地类图件，补充图件中未划入确知的草地地块，在高分辨率遥感影像支持下进一步细化，形成清查工作底图，需要在野外进行现场核查。

外业调查：以工作底图为基础，按照《草地资源调查技术规程》制定样地、样方布置方案，确定组织方式、调查时间等，统筹开展外业调查。外业调查过程中结合外业调查 APP 提高野外工作效率、规范外业成果。

内业修正与汇总：结合底图、中低分辨率遥感影像、地面调查样本，进行图斑的草地类型、退化等级划分，估算可食产量并进行草地质量分级，统计不同权属草地面积，建立空间与属性数据库，制作专题图件，制作汇交材料等。

四、技术方案

（一）底图制作

1. 技术要求

外业工作底图是草原清查外业工作的重要参考依据，外业工作底图需要做满足以下要求：

（1）应保证图面清晰、地物明显、图斑边界清楚。

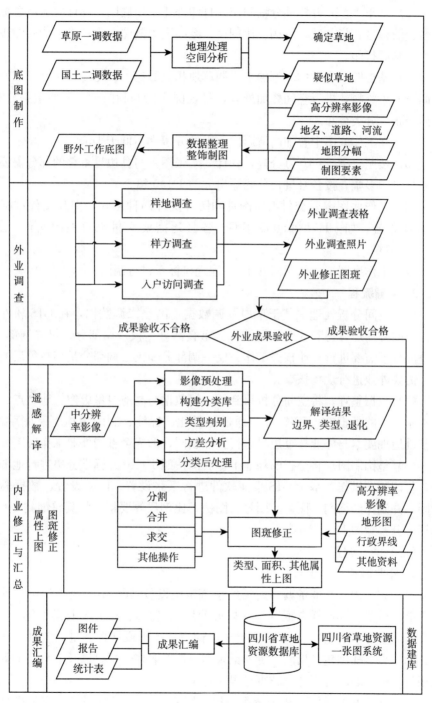

图1　技术路线图

（2）基于 1：10 万标准分幅制作并打印外业工作底图，图件中应包含标准图名、图幅号、指北针、图例、比例尺、经纬网等制图要素，将工作底图进行彩色大幅面打印。

（3）基于四川省 1：25 万国土二调草地相关数据、20 世纪 80 年代草原资源调查成果资料，进行空间叠加处理，呈现国土二调和国土一调的重叠分布、差异分布、分类分布。

（4）在工作底图中叠加高清影像，影像分辨率不低于 1m。

（5）按照全省 1：10 万分幅，共计 344 张图。与县边界重叠的部分需要按相关县打印多幅，按各县进行分幅输出大约 1 140 幅。

（6）工作底图需要交付纸质图件和图片文件两种格式，图片文件按标准图幅号命名。如：I47D008005.JPG。各县还需要交付汇总地图文件，如：513332.JPG。

（7）工作底图统一使用西安 1980 地理坐标系进行制图。

2. 关键流程

（1）空间分析处理。基于草原一调数据、国土二调数据，在 GIS 软件中进行空间叠加运算得到 3 个数据结果：重叠部分、仅一调部分、仅二调部分。重叠部分不需要进行外业核查工作、仅一调部分和仅二调部分是存在争议的部分，需要外业进行现场核查。

（2）数据整理。将空间分析得到的中间数据与高清卫星影像、地名点、河流水系、道路数据在 GIS 软件中通过符号化、标注、制图表达等制图手段，将基础地理要素与外业核查边界进行叠加制图，形成全省的外业工作底图。

（3）整饰制图。将全省的外业工作底图按照 1：10 万标准分幅进行地图整饰、打印制图操作。基于 GIS 桌面软件进行纸张设置、图幅设置、数据驱动制图，并制作经纬网、图名、图号、图例、比例尺等要素。将其整饰到 1：10 万标准分幅地图上。

（二）地面调查

1. 外业调查

（1）调查用具。准备调查所需的手持定位设备（GPS）、数码相机和计算器等电子设备，1m² 样方框（草本样方使用）、剪刀、枝剪等取样工具，50m 测绳（灌木样方使用）、3～5m 钢卷尺、便携式天平或杆秤等量测工具，样品袋、标本夹等样品包装用品、野外记录本、调查表格、标签以及书写用笔等记录用具，清查底图等图件，越野车等交通工具。

（2）外业调查 APP。外业调查 APP 是基于安卓、IOS 平台，完全满足草原清查外业调查规范的 APP 软件。使用此软件平台，可直接在手机、平板上录入样地、样方、入户调查等数据，保证了数据规范和有效性；解决了传统外业调查中出现的数据填写不规范、错填、漏填、坐标错误、现场照片与表格关联错乱等问题。

（3）布设样地。

①天然草地。

A. 样地布设原则。设置样地的图斑既要覆盖生态与生产上有重要价值、面积较大、分布广泛的区域，反映主要草地类型随水热条件变化的趋势与规律，也要兼顾具有特殊经济价值的草地类型，空间分布上尽可能均匀。

样地应设置在图斑（整片草地）的中心地带，避免杂有其他地物。选定的观测区域应有较好代表性、一致性，面积不应小于图斑面积的 20%。

不同程度退化、沙化和石漠化的草地上可分别设置样地。

利用方式及利用强度有明显差异的同类型草地，可分别设置样地。调查中出现疑难问题的图斑，需要补充布设样地。

B. 样地数量。预判的不同草地类型，每个类型至少设置 1 个样地；预判相同草地类型图斑的影像特征如有明显差异，应分别布设样地；预判草地类型相同、影像特征相似的图斑，按照这些图斑的平均面积大小布设样地，数量根据如表 1 确定。

表 1 预判相同草地类型、影像相似图斑布设样地数量要求

单位：hm²

预判草地类型相同、影像特征相似图斑的平均面积	布设样地数量要求
>10 000	每 10 000hm² 设置 1 个样地
2 000～10 000	每 2 个图斑至少设置 1 个样地
400～2 000	每 4 个图斑至少设置 1 个样地
100～400	每 8 个图斑至少设置 1 个样地
15～100	每 15 个图斑至少设置 1 个样地
3.75～15	每 20 个图斑至少设置 1 个样地

全省在 21 个市州、174 个区县布置天然草地地面调查样地数量 5 350 个、样方数量 16 050 个，人工草地调查样地数量 819 个、样方 2 457 个，入户调查 2 045 户。

②人工草地。预判人工草地地类图斑应逐个进行样地调查。

③非草地地类。预判非草地地类中，易与草地发生类别混淆的耕地与园地、林地、裸地应布设样地，数量根据表 2 确定，其他地类不设样地。

表 2 非草地地类图斑布设样地数量要求

图斑预判地类		样地布设数量要求
耕地与园地		区域内同地类图斑数量的 10%
林地	灌木林地、疏林地	区域内同地类图斑数量的 20%
	有林地	区域内同地类图斑数量的 10%
裸地		区域内同地类图斑数量的 20%

2. 地面调查时间

应选择草地地上生物量最高峰时进行地面调查，多在 7—8 月，甘孜阿坝凉山州一般在 7 月上旬至 8 月中旬，内地一般 6 月下旬至 8 月底。

在外业调查过程中，同时采取入户访问调查的方式，了解当地草原鼠虫种类及危害区域、人工草地种植及草产品加工利用、农副产品饲料化资源及利用、畜牧业经营等情况。

（三）草地退化分级

草地退化是天然草地在干旱、风沙、水蚀、内涝、地下水位变化等不利自然因素的影响下，或过度放牧与割草等不合理利用，或滥挖、滥割、樵采破坏草地植被，引起草地生态环境恶化，草地牧草生物产量降低，品质下降，草地利用性能降低，甚至失去利用价值的过程。草原鼠、虫、病、毒害草及沙化、板结化都是导致草原退化的原因，也是草原退化的明显表现。草地资源清查草原退化调查，按照《天然草地退化、沙化、盐渍化的分级指标 GB 19377—2003》所列指标及判定方法，开展草原地面样方调查。同时，将草原鼠、虫、毒害草的分布和危害程度，作为判定草原退化的依据，进行地面调查、危害区划图、面积统计等。

（四）天然草原载畜能力计算

通过地面调查资料，结合遥感影像数据，建立以组为基础的草原测产模型，根据模型反演地面生产力等数据，结合利用率、可食率、实际载畜量等数据，参考《天然草地合理载畜量的计算》（国家标准，NY/635—2002）有关放牧利用率的规定和生产力估测结果，根据《草原载畜量及草畜平衡计算方法》（地方标准，DB51/T 1480—2012）对全省及各州县进行草原分级（8 级）、理论载畜量计算、实际载畜量、超载率核算。

（五）草原综合植被盖度测定

草原综合植被盖度是根据监测草原区域草原植被盖度按照一定权重值计算而来。某区域的权重值等于该区域的天然草原面积除以该县天然草原总面积（针对县而言）。

各行政单元草原综合植被盖度的计算:

(1) 全县草原综合植被盖度。某一权重区域样地盖度平均值×该区域权重,所有区域相加之和。

(2) 全州(市)草原综合植被盖度。各县草原综合植被盖度×该县权重,所有县相加之和。

(3) 全省草原综合植被盖度。各州(市)草原综合植被盖度×该州(市)权重,所有州(市)相加之和。

(六)内业汇总及数据库建设

1. 遥感解译

(1) 遥感预处理。获取 2016 年(近 5 年内)7—10 月的影像,并且分辨率不高于 10m 的中分辨率影像,影像波段数应≥5 个,至少有 1 个近红外植被反射峰波段和 1 个可见光波段,在遥感处理软件中对影像进行几何校正、融合、裁剪、镶嵌、波段组合、图像增强、图像变换等预处理操作。

(2) 波段组合。其作用在于扩展地物波段的差异性,表现差异显示的动态范围,扩展肉眼观察的可视性,综合选取各波段的特点,不同类别、形态得到良好的表达。多波段组合图像最终是为了提高地物的可判读性,使判读结果更为科学合理。高分辨率影像大多只有 4 个波段,波段组合常用就是真彩色和标准假彩色。有的时候在土壤分类或者植被分类时候,也可以把植被指数当做 G 分量。

(3) 遥感解译。根据遥感 DOM 特征和地面调查数据、现场照片,按照传感器类型、生长季与非生长季,分别建立基本调查单元范围内非草地和各草地类型的遥感 DOM 解译标志。非草地地类应基于地物在影像上的颜色、亮度、形状、大小、图案、纹理等特征,建立解译标志。草地地类中图斑的解译标志在颜色、亮度、形状、大小、图案、纹理等影像特征外,还应增加由 DEM 计算的坡度、坡向、平均海拔高度 3 个要素。如遥感 DOM 拼接相邻景存在明显色彩、亮度差异,应对不同景的解译标志进行调整。在遥感解译过程中根据影像实际情况使用自动分类和人工解译多种分类方法结合。

(4) 解译结果。通过上述遥感解译操作可得到草原类型和界线、退化程度等,在 GIS 软件中可自动计算各图斑面积。

(5) 图斑修正及属性上图。

外业核查边界修正:外业核查人员基于外业工作底图进行实地核查,对底图中边界有误的,可直接在底图上进行修正描绘。将外业反馈的工作底图中修改的草地边界,通过坐标配准、数据编辑、图形勾绘、裁切等操作修改外业核查 GIS 数据。

图斑细化勾绘：将遥感解译结果与外业核查 GIS 数据进行叠加分析，对于两组数据有差异的区域，可在高清影像的参考下进行人工逐一审核修正勾绘。使用行政界线对图斑进行分割操作，在高清影像上可明显识别的河流、山脊线、山麓、道路、围栏等地物，均应勾绘图斑界线。每个图斑在全国范围内使用唯一的编号，编号 12 位，格式为"N99999900001"或"G99999900001"；其中第一位"N"或"G"分别表示非草地和草地，"999999"为图斑所在县级行政编码，"00001"为图斑在该县域的顺序编号，从 00001 开始。行政编码按照 GB/T 22601 执行。

属性上图：综合外业核查成果数据、高清影像、地形图、历史成果、草地分类方法等，对所有图斑进行属性关联及填充，并使用 GIS 软件计算每个图斑的投影面积。

内业处理成果：通过上述几步内业操作，最终形成包含了草地边界、草地类、草地型、投影面积、沙化、退化、鼠害、虫害等因子的草地清查结果基础数据，为进一步建设草地资源数据库及信息系统奠定数据基础。

2. 数据建库及草地资源一张图系统建设

（1）草地资源数据库建设。将全省草地资源清查内业、外业成果汇总建设四川省草地资源空间数据库，数据库具体要求如下：

数据库成果：四川省草地资源空间数据库的空间数据格式为 GDB 格式。

数据库成果坐标：西安 80 坐标系。

拓扑要求：不相交、不重叠、空间容差值 10m。

将全省高分卫星影像、工作底图影像汇总，通过几何校正、影像裁剪、拼接、融合、匀色等技术形成四川省草原资源影像数据库。

样地、样方、调查数据汇总存储在全省样地样方数据库，地面调查照片使用样地样方编号命名。

四川省草地资源数据库结构见表 3。

表 3　四川省草地资源基础表

编号	字段名	字段含义	字段类型	大小	字段说明
1	SHENG	省	字符	10	图斑所在省
2	SHI	市	字符	10	图斑所在市
3	XIAN	县	字符	10	图斑所在县
4	XIANG	乡	字符	10	图斑所在乡

(续)

编号	字段名	字段含义	字段类型	大小	字段说明
5	CUN	村	字符	10	图斑所在村
6	TBBH	图斑编号	字符	12	图斑编号
7	SYQLB	所有权类别	字符	4	国有、集体
8	DL	地类	字符	4	草原、草地资源
9	CBLX	承包类型	字符	4	
10	JBCY	是否基本草原	字节	1	0/1
11	NMCLB	农牧场类型	字符	5	
12	KFQLX	开发区类型	字符	5	重点、限制、禁止开发区
13	CDL	草地类	字符	20	
14	CDX	草地型	字符	20	
15	CDMJ	草地面积	双精度		草地面积，hm²
16	ZLDJ	质量等级	字符	4	
17	THCD	退化程度	字符	4	
18	ZBGD	植被盖度	整形		百分比
19	CCL	产草量	整形		产草量，kg/hm²

（2）草地资源一张图系统建设。基于 SOA 架构、GIS 平台、WEBGIS 技术、HTML5 技术建设《四川省草地资源一张图系统》，通过本系统管理四川省草地资源数据库、影像数据库、样地样方调查数据库，可支持在电脑、手机、平板等终端对系统进行访问。系统支持以下功能，见表 4。

表 4　四川省草地资源功能表

编号	功能名	功能描述
1	Web 访问	支持系统在 Windows、Linux、MacOS、Android、IOS 等客户端访问浏览
2	用户登录	使用账号密码登录系统，每个用户的权限不同，如石渠县用户仅能查看、查询石渠县数据
3	二三维一体化	系统支持在二维、三维两种模式下使用所有功能。二三维可动态切换

（续）

编号	功能名	功能描述
4	基础地图	可动态切换系统所支持的底图：天地图影像、天地图矢量图、天地图地形图、谷歌影像、高分辨率影像等
5	专题图管理	可动态切换系统中显示的草地资源专题图，如：草地质量分级图、草原退化图、草原开发等级分布图、草原超载率专题图、草原产草量专题图
6	地图基础操作	支持对地图进行放大、缩小、平移等操作
7	坐标定位	支持用户输入地理坐标、投影坐标进行快速定位
8	地名搜索	支持用户输入地名，显示相关结果，并可缩放到指定位置
9	图斑信息	通过工具点击图斑，显示图斑中的属性
10	行政区划树	将地图缩放到指定的行政区域
11	查询统计	用户可以设置空间条件、属性条件对数据进行查询，并展示查询结果；可将查询结果导出、分布显示、图斑定位；可对查询结果进行统计图、统计表、交叉统计表操作
12	在线制图	在线制图主要是满足用户对于快速出图的需要，主要支持矩形绘制、圆形绘制、自由绘制、点、线、文字、SHP 文件上传、图幅设置、打印模板设置、在线输出等。对于有网络的地方就可以通过浏览器进行快速制图

五、天然草地认定与划分

（一）天然草地认定

根据农业部《草地分类》（NY/T 2997—2016）行业标准进行天然草地认定，认定标准为：天然草地优势种为自然生长形成，且自然生长植物生物量和覆盖度占比大于等于 50% 的草地划分为天然草地。

（二）天然草地类型划分

根据农业部《草地分类》（NY/T 2997—2016）行业标准，天然草地的类型采用类、型二级划分。

（1）第一级：类。具有相同气候带和植被型组的草地划分为相同的类。

（2）第二级：型。在草地类中，优势种、共优种相同，或优势种、共优种为饲用价值相似的植物划分为相同的草地型。

（三）四川草原类型确定

根据标准，四川原有 11 类 35 组 126 型草地归类到新分类系统中 9 类 175 个型中，重新确定四川草原类型。具体归并要求见表 5。

表5 四川省20世纪80年代草原分类与农业农村部最新分类对照表

四川省天然草地类型分类系统 （共11类、35组、126个型）	农业农村部最新分类系统 （共9类、175个型）
A. 高寒草甸草地类	对应的类和型（编号）
1. 禾草草甸草地组	
（1）垂穗披碱草、羊茅草甸草地	山地草甸类：垂穗披碱草、垂穗鹅观草（H05）
（2）羊茅、禾草草甸草地	山地草甸类：羊茅、杂类草（H11）
（3）糙野青茅、禾草草甸草地	山地草甸类：糙野青茅（H03）
2. 禾草、杂类草草甸草地组	
（4）垂穗披碱草、杂类草草甸草地	山地草甸类：羊茅、杂类草（H05）
（5）早熟禾、杂类草草甸草地	山地草甸类：早熟禾、杂类草（H13）
（6）羊茅、杂类草草甸草地	山地草甸类：羊茅、杂类草（H11）
（7）丝颖针茅、异针茅、禾草、杂类草草甸草地	高寒草甸类：嵩草、杂类草（I09）
（8）短柄草、矮生嵩草、杂类草草甸草地	高寒草甸类：矮生嵩草、杂类草（I02）
（9）藏异燕麦、四川嵩草、杂类草草甸草地	高寒草甸类：嵩草、杂类草（I09）
（10）禾草、杂类草草甸草地	高寒草甸类：具灌木的嵩草、苔草（I07）
3. 莎草、禾草草甸草地组	
（11）甘肃嵩草、早熟禾草甸草地	高寒草甸类：高山嵩草、禾草（I04）
（12）红棕苔草、高山嵩草、羊茅草甸草地	
（13）窄果苔草、发草草甸草地	高寒草甸类：高山嵩草、苔草（I05）
（14）苔草、嵩草、禾草草甸草地	
4. 莎草、杂类草草地组	
（15）高山嵩草、杂类草草甸草地	
（16）四川嵩草、杂类草草甸草地	
（17）线叶嵩草、杂类草草甸草地	高寒草甸类：高山嵩草、禾草（I04）
（18）多种苔草、杂类草草甸草地	
（19）莎草、杂类草草甸草地	
5. 杂类草草甸草地组	
（20）珠芽蓼、园穗蓼草甸草地	高寒草甸类：珠芽蓼、圆穗蓼（I12）
（21）凤毛菊、杂类草草甸草地	高寒草甸类：西藏嵩草、杂类草（I01）
（22）西南委陵菜、杂类草草甸草地	山地草甸类：穗序野古草、杂类草（H06）

草原牧业实用技术 2018

（续）

四川省天然草地类型分类系统 （共 11 类、35 组、126 个型）	农业农村部最新分类系统 （共 9 类、175 个型）
（23）鹅绒委陵菜、杂类草草甸草地	
（24）黄总花草、杂类草、莎草草甸草地	
（25）香青、火绒草草甸草地	高寒草甸类：莎草、鹅绒委陵菜（I10）
（26）狼毒、杂类草草甸草地	
（27）多种杂类草草甸草地	
6. 豆科草、杂类草草甸草地组	
（28）白三叶、杂类草草甸草地	山地草甸类：三叶草、杂类草（H14）
7. 莎草草甸草地组	
（29）四川嵩草、红棕苔草、甘肃嵩草草甸草地	高寒草甸类：嵩草、杂类草（I09）
8. 莎草、禾草、杂类草沼泽草甸草地组	
（30）藏嵩草、莎草、杂类草沼泽草甸草地	低地草甸类：莎草、杂类草（G14）
（31）嵩草、苔草、杂类草沼泽草甸草地	低地草甸类：莎草、杂类草（G14）
（32）发草、莎草、杂类草沼泽草甸草地	低地草甸类：莎草、杂类草（G14）
（33）走茎灯心草、杂类草沼泽草甸草地	低地草甸类：莎草、杂类草（G14）
B. 高寒沼泽草地类	
9. 莎草、杂类草沼泽草地组	
（34）木里苔草、藏嵩草、杂类草沼泽草地	低地草甸类：莎草、杂类草（G14）
（35）嵩草、苔草、杂类草沼泽草地	
（36）乌拉苔草、木里苔草、毛苔草沼泽草地	低地草甸类：乌拉苔草（G13）
（37）走茎灯心草、杂类草沼泽草地	低地草甸类：莎草、杂类草（G14）
10. 禾草、莎草、杂类草沼泽草地组	
（38）芦苇、苔草、杂类草沼泽草地	低地草甸类：芦苇（G01）
C. 高寒灌丛草甸草地类	
11. 禾草、杂类草、矮竹类灌丛草甸地组	
（39）羊茅、禾草、杂类草、箭竹灌丛草甸草地	高寒草甸类：具金露梅的矮生嵩草（I03）
12. 杂类草、莎草、禾草、阔叶灌丛草甸草地组	
（40）杂类草、莎草、高山柳灌丛草甸草地	高寒草甸类：高山嵩草、禾草（I04）
（41）禾草、杂类草、锦鸡儿灌丛草甸草地	高寒草甸类：具灌木的嵩草、苔草（I07）
（42）嵩草、杂类草、沙棘灌丛草甸草地	高寒草甸类：具灌木的嵩草、苔草（I07）
（43）羊茅、禾草、莎草、杜鹃灌丛草甸草地	高寒草甸类：具灌木的嵩草、苔草（I07）
（44）杂类草、嵩草、禾草、栎类灌丛草甸草地	高寒草甸类：具灌木的嵩草、苔草（I07）

· 12 ·

（续）

四川省天然草地类型分类系统 （共11类、35组、126个型）	农业农村部最新分类系统 （共9类、175个型）
13. 莎草、禾草、杂类草、阔叶灌丛草甸草地组	
（45）嵩草、禾草、杂类草、高山柳灌丛草甸草地	
（46）嵩草、杂类草、阔叶灌丛草甸草地	高寒草甸类：具灌木的嵩草、苔草（I07）
（47）莎草、杂类草、禾草、阔叶灌丛草甸草地	
14. 禾草、莎草、杂类草、阔叶灌丛草甸草地组	
（48）糙野青茅、羊茅、杂类草、阔叶灌丛草甸草地	
（49）禾草、嵩草、杂类草、阔叶灌丛草甸草地	高寒草甸类：具灌木的嵩草、苔草（I07）
15. 莎草、禾草、杂类草、针叶灌丛草甸草地组	
（50）嵩草、杂类草、香柏、圆柏灌丛草甸草地	
（51）弱须羊茅、假楼梯草、地盘松灌丛草地	高寒草甸类：具灌木的嵩草、苔草（I07）
D. 亚高山疏林草甸草地类	
16. 杂类草、莎草、禾草、针叶树疏林草甸草地组	
（52）杂类草、禾草、冷云杉疏林草甸草地	
（53）杂类草、莎草、高山松、圆柏疏林草甸草地	山地草甸类：具灌木的糙野青茅（H04）
17. 禾草、杂类草、针叶树疏林草甸草地组	
（54）早熟禾、禾草、杂类草、冷云杉疏林草甸草地	山地草甸类：具灌木的糙野青茅（H04）
E. 山地草甸草地类	
18. 禾草草甸草地组	
（55）穗序野古草、云南裂稃草甸草地	
（56）穗序野古草、羊茅草草甸草地	山地草甸类：穗序野古草、杂类草（H06）
（57）禾草草甸草地	山地草甸类：糙野青茅（H03）
19. 禾草、杂类草草甸草地组	
（58）穗序野古草、杂类草草甸草地	山地草甸类：穗序野古草、杂类草（H06）
（59）羊茅、杂类草草甸草地	山地草甸类：羊茅、杂类草（H11）
（60）禾草、杂类草草甸草地	山地草甸类：早熟禾、杂类草（H13）
（61）珠芽蓼、羊茅草甸草地	高寒草甸类：线叶嵩草、杂类草（I08）
（62）西南委陵菜、画眉草甸草地	山地草甸类：穗序野古草、杂类草（H06）
20. 莎草、杂类草草甸草地组	
（63）苔草、杂类草草甸草地	
（64）嵩草、杂类草草甸草地	山地草甸类：苔草、嵩草（H15）
（65）莎草、杂类草草甸草地	

（续）

四川省天然草地类型分类系统 （共 11 类、35 组、126 个型）	农业农村部最新分类系统 （共 9 类、175 个型）
21. 杂类草草甸草地组	
（66）西南委陵菜、杂类草草甸草地	山地草甸类：穗序野古草、杂类草（H06）
（67）火绒草、杂类草草甸草地	高寒草甸类：嵩草、杂类草（I09）
（68）杂类草草甸草地	
22. 豆科草草甸草地组	
（69）红三叶、杂类草草甸草地	山地草甸类：三叶草、杂类草（H14）
F. 山地疏林草丛草地类	
23. 禾草、杂类草、针叶树疏林草丛草地组	
（70）白茅、禾草、杂类草、马尾松疏林草丛草地	
（71）白茅、禾草、云南松疏林草丛草地	
（72）禾草、白茅、杂类草、柏木疏林草丛草地	热性灌草丛类：具乔木的白茅、芒（F07）
（73）白茅、杂类草、杉木疏林草丛草地	
（74）白茅、禾草、杂类草、针叶树疏林草丛草地	
（75）扭黄茅、禾草、杂类草、针叶树疏林草丛草地	热性灌草丛类：具乔灌的扭黄茅（F23）
（76）芒、禾草、杂类草、针叶树疏林草丛草地	热性灌草丛类：具乔灌的芒（F02）
（77）茅叶荩草、杂类草、针叶树疏林草丛草地	热性灌草丛类：具乔灌的白茅、芒（F09）
（78）荩草、禾草、杂类草、针叶树疏林草丛草地	热性灌草丛类：具乔木的野古草、禾草（F07）
（79）禾草、杂类草、针叶树疏林草丛草地	山地草甸类：穗序野古草、杂类草（H06）
24. 杂类草、针叶树疏林草丛草地组	
（80）芒萁、针叶树疏林草丛草地	热性灌草丛类：具乔灌的扭黄茅（F23）
（81）蕨、禾草、针叶树疏林草丛草地	热性灌草丛类：具乔灌的五节茅（F04）
（82）杂类草、针叶树疏林草丛草地	热性灌草丛类：具乔木的白茅、芒（F07）
25. 禾草、杂类草、阔叶树疏林草丛草地组	
（83）白茅、禾草、杂类草、青杠疏林草丛草地	热性灌草丛类：具乔木的白茅、芒（F07）
（84）白茅、杂类草、桤木疏林草丛草地	热性灌草丛类：具灌木的白茅（F06）
（85）扭黄茅、杂类草、青杠疏林草丛草地	热性灌草丛类：具乔灌的扭黄茅（F23）
（86）五节芒、禾草、杂类草、阔叶树疏林草丛草地	热性灌草丛类：具乔灌的五节芒（F04）
（87）禾草、杂类草、阔叶树疏林草丛草地	热性灌草丛类：具乔灌的金茅（F11）
26. 杂类草、阔叶树疏林草丛草地组	
（88）蕨、禾草、杂类草、阔叶树疏林草丛草地	热性灌草丛类：具灌木的白茅（F06）
（89）杂类草、阔叶树疏林草丛草地	

（续）

四川省天然草地类型分类系统 （共 11 类、35 组、126 个型）	农业农村部最新分类系统 （共 9 类、175 个型）
G. 山地灌木草丛草地类	
27. 禾草、杂类草、矮竹类灌木草丛草地组	
（90）白茅、杂类草、矮竹类灌木草丛草地	热性灌草丛类：具灌木的白茅（F06）
（91）禾草、杂类草、矮竹类灌木草丛草地	
28. 禾草、杂类草、阔叶灌木草丛草地组	
（92）禾草、杂类草、豆科灌木草丛草地	热性灌草丛类：具灌木的白茅（F06）
（93）白茅、禾草、杂类草、阔叶杂灌木草丛草地	
（94）苞草、杂类草、阔叶杂灌木草丛草地	热性灌草丛类：白茅（F05）
（95）扭黄茅、禾草、阔叶杂灌木草丛草地	热性灌草丛类：具乔灌的扭黄茅（F23）
（96）野古草、杂类草、阔叶杂灌木草丛草地	暖性灌草丛类：具灌木的野古草、暖性禾草（E08）
（97）禾草、杂类草、阔叶杂灌木草丛草地	
29. 杂类草、禾草、阔叶杂灌木草丛草地组	
（98）杂类草、禾草、阔叶杂灌木草丛草地	暖性灌草丛类：具灌木的野古草、暖性禾草（E08）
H. 山地草丛草地类	
30. 禾草草丛草地组	
（99）扭黄茅、禾草草丛草地	热性灌草丛类：扭黄茅（F22）
（100）白茅、禾草草丛草地	热性灌草丛类：白茅（F05）
（101）云南裂稃草、禾草草丛草地	热性灌草丛类：红裂稃草（F14）
（102）刺芒野古草、禾草草丛草地	热性灌草丛类：野古草（F08）
（103）金茅、禾草草丛草地	热性灌草丛类：金茅（F15）
31. 禾草、杂类草草丛草地组	
（104）黄背草、杂类草草丛草地	热性灌草丛类：具乔灌的扭黄茅（F23）
（105）扭黄茅、杂类草草丛草地	热性灌草丛类：扭黄茅（F22）
（106）画眉草、杂类草草丛草地	热性灌草丛类：细毛鸭嘴草（F19）
（107）野古草、杂类草草丛草地	热性灌草丛类：细毛鸭嘴草（F19）
（108）白茅、杂类草草丛草地	热性灌草丛类：具乔木的白茅、芒（F07）
（109）芒、禾草、杂类草草丛草地	热性灌草丛类：芒、热性禾草（F01）
（110）五节芒、禾草、杂类草草丛草地	热性灌草丛类：五节芒（F03）
（111）苞草、杂类草草丛草地	暖性灌草丛类：具灌木的苞草（E07）

（续）

四川省天然草地类型分类系统 （共11类、35组、126个型）	农业农村部最新分类系统 （共9类、175个型）
（112）细毛鸭嘴草、禾草、杂类草草丛草地	热性灌草丛类：细毛鸭嘴草（F19）
（113）禾草、杂类草草丛草地	热性灌草丛类：扭黄茅（F22）
32. 杂类草、莎草、禾草草丛草地组	
（114）蕨、杂类草草丛草地	热性灌草丛类：具乔灌的野古草、热性禾草或热性灌草丛类：具乔灌的细毛鸭嘴草（F09）
（115）芒萁、杂类草草丛草地	热性灌草丛类：白茅（F05）
（116）杂类草、莎草、禾草草丛草地	热性灌草丛类：具乔灌的扭黄茅（F23）
I. 干旱河谷灌木草丛草地类	
33. 禾草、杂类草、灌木草丛草地组	
（117）扭黄茅、芸香草、杂灌木草丛草地	
（118）禾草、杂类草、小马鞍叶羊蹄甲灌木草丛草地	热性灌草丛类：具乔灌的扭黄茅（F23）
（119）禾草、杂类草、仙人掌灌木草丛草地	
（120）禾草、杂类草、灌木草丛草地	
J. 干热稀树草丛草地类	
34. 禾草稀树草丛草地组	
（121）扭黄茅、木棉稀树草丛草地	热性灌草丛类：具乔灌的扭黄茅（F23）
（122）水蔗、木棉稀树草丛草地	
K. 农隙地草地	
35. 禾草、杂类草、豆科草农隙地草地组	
（123）狗牙根、禾草、杂类草草地	
（124）斑茅、禾草、杂类草草地	热性灌草丛类：具乔木的白茅、芒（F07）
（125）白茅、禾草、杂类草草地	
（126）禾草、杂类草、豆科草草地	

（唐川江、鲁岩、侯众）

天然草原植被长势监测

一、技术概述

草原植被长势是草原植被在一定时间内的总体生长状况与趋势，是了解草原植被生长状况的重要指标之一。通过植被长势监测，可及时掌握草原资源的现状和变化情况，有利于进行草原畜牧业管理、草原保护建设、牲畜调控等草原保护制度的实施，对促进现代畜牧业发展和草原生态文明建设具有重要的现实意义。

草原植被长势监测通常用现阶段草原植被生长状况与以往同期的草原植被状况进行对比得出，时间段可以是旬、月、季等。草原植被长势遥感监测是利用植被在不同生长时期内光谱特征差异性，即可见光部分有较强的吸收峰，近红外波段有强烈的反射率。这些敏感的波段组合（通常称为植被指数）可有效的反映植被生长的空间特征信息。通过对同一像元不同年份相同时间段的植被指数进行运算，判断植被的生长状况和长势情况。

本技术以川西北草原长势监测为例，阐述草原植被长势遥感监测的主要方法和技术环节。

二、技术方法

目前，川西北天然草原植被长势监测分为：天然草原返青期长势监测（3月下旬至5月上旬）和生长盛期长势监测（7月下旬至8月上旬）。主要是利用全球定位系统（GPS）为辅助工具进行详细的地面调查，获取具有准确地理位置的草原植被长势的点、线样本数据，利用遥感（RS）手段获取监测区域面上的有关草原资源的影像数据（主要为中分辨率成像光谱仪数据，简称 MODIS 数据），选择 MODIS 数据的归一化植被指数（简称 ND-VI），在地理信息系统（GIS）平台的支持下，对 NDVI 数据进行复合预算、分析，根据数值的大小判断得出监测区的植被长势情况。其技术路线如图1所示：

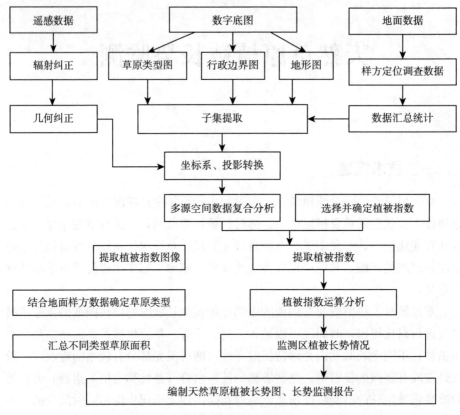

图1　天然草原植被长势监测技术路线图

三、监测方法

（一）监测区概况

四川省甘孜、阿坝和凉山州三个主要民族自治州地处青藏高原东南缘，三州天然草原面积共计 1 640 万 hm²，主要分布在海拔 2 800～4 500m 的地带，是四川省最大的牧业基地，也是全国五大牧区之一。其草原类型主要为 4 类：高寒草甸草地类、高寒灌丛草地类、山地灌草丛草地类和，高寒沼泽草地类。天然草原牧草构成以禾本科、豆科、莎草科和杂类草为主。由于气温和降水等气候因素的影响，部分地区 3 月开始有牧草返青，4 月返青面积逐渐扩大，7、8 月为牧草生长最盛期，9 月以后逐步进入枯黄期。

（二）遥感信息获取与处理

草原植被长势监测遥感影像主要选择的是从美国国家航空航天局（NASA）的网站上下载的中分辨率成像光谱仪（简称 MODIS）数据中的归

一化植被指数（NDVI）数据。MODIS 数据空间分辨率高，时间连续性好，被广泛用于反映植被信息。川西北地区植被长势监测共需要 4 景影像，空间分辨率选择为 250m，下载的遥感影像已经过辐射校正和几何校正。但是对于监测区，还需要借助遥感图像处理软件和分析软件对空间数据进行拼接、裁剪、去除非草地、去除空值等预处理，得到不同时期的监测区的 NDVI 数据。

（三）地面监测数据获取

1. 返青期地面数据

根据《全国草原返青期地面观测技术要求》，每年观测时间为当年草原返青期前 15 天至完全返青结束这段时间内，一般逢双或隔日观测，但旬末日必须进行观测，观测时间一般定在下午，每年观测时间基本保持一致。所选样地具有代表性和科学性，面积一般不小于 $100hm^2$。一个样地内随机选取不少于 3 个样方，样方之间的间隔不少于 250m，草本样方面积为 $1m \times 1m$，灌木及高大草本类植物或人工草地的样方面积为 $10m \times 10m$，也可为长方形 $20m \times 5m$。根据各类牧草返青期鉴别标准进行定期观测并做好记录、拍摄景观照。

2. 生长盛期地面数据

监测时间为每年 7 月 20 日至 8 月 10 日期间，样地与样方选取方法与返青期相同。主要调查和记录牧草种类、产量、高度和盖度等信息。

（四）植被长势等级划分

牧草长势受诸多外界环境的影响，为了更好地了解和对比不同时间不同区域草原植被长势情况，需要对整个监测区牧草长势进行等级划分。一般根据相邻两年同期 NDVI 差值大小来划分等级。为客观评价监测区植被长势，某一时期 NDVI 值与同期多年平均值差值来划分等级：

$$U = NDVI_n - NDVI_m$$

式中，U 为长势差值，$NDVI_n$ 为某年某一时期像元值；$NDVI_m$ 为同期多年平均值。根据 U 值大小把影像像元划分为出好、差和持平 3 个等级。

四、实例分析

（一）川西北天然草原返青情况

1. 水热条件分析

2017 年 4 月，甘孜州 9 个调查县平均温度为 8.07℃，较上年偏高 1.4℃；降水量 45.4mm，比上年增加 3.5mm。阿坝州 5 个调查县平均温度为 5.8℃，较上年偏高 0.3℃；平均降水量为 54.5mm，较上年减少 18.1mm，其中红原县降水量较上年减少近 55.6%。凉山州 5 个调查县平均温度为 14.4℃，较上年增加 0.4℃；降水量为 76.4mm，较上年减少 15.4mm。总体上，全省大部分天然草原分布区气温较去年略有升高，甘州州降水偏多，阿坝州、凉山州降水较去年略少。水热条件总体较为适宜，利于牧草返青生长。

2. 返青情况分析

从监测数据上来看，川西北天然草原由低海拔地区向高海拔地区、由东南向西北逐步返青。甘孜州大部分天然草原 4 月下旬开始返青，总体返青时间与上年基本持平，局部略有推迟。从样方调查数据上分析：石渠、理塘、新龙、炉霍、道孚、雅江、九龙等县天然草原牧草返青时间提前 4～5 天；稻城、甘孜等县天然草原牧草返青时间推迟 6 天左右。阿坝州大部分地区天然草原牧草 4 月中下旬开始大面积返青，返青时间与上年持平局部地区推迟。从样方调查数据上分析：若尔盖、红原、阿坝、壤塘等县天然草原牧草返青时间推迟 7 天左右。凉山州大部分天然草原牧草 4 月中旬开始返青，返青时间较上年相比基本持平，局部地区略有提前。从样方调查数据上分析：昭觉、会东、木里、布拖、越西等县天然草原牧草返青时间与上年相比基本相近。川西北天然草原返青期同期对比（2017 年对比 2016 年）见图 2。

图 2　川西北天然草原返青同期对比空间分布（2017 年对比 2016 年）

（二）生长盛期植被长势情况

川西北草原大部分地区气温与降水正常，适宜牧草生长，草原植被长势与去年基本持平。甘孜州康定市大部、丹巴县大部、九龙县大部等地区草原牧草长势好于上年，白玉县大部、稻城县北部等地区草原牧草长势差与上年，其余大部分地区牧草长势与上年基本持平。阿坝州主要牧区县若尔盖县、阿坝县等地区草原牧草长势差于上年。茂县、金川县等地区草原长势好于上年，其余大部分地区牧草长势与上年基本持平。凉山州北部地区牧草长势整体较好，其中木里县南部、盐源县大部明显好于上年。凉山州南部地区包括宁南县、会东县、会理县大部等地区牧草长势差于上年。川西北天然草原生长盛期同期对比（2017年对比2016年）见图3。

图3　川西北天然草原生长盛期对比空间分布（2017年对比2016年）

五、结论

通过对川西北草原2016—2017年返青期和生长盛期植被指数（NDVI）进行统计分析得出以下结论：

（1）总体上，4月初牧草部分已开始局部返青。但受气候因素影响，年际间牧草返青期长势状况差异较大，年内不同区域牧草初期长势差异也很大。

（2）7月底，长势与常年持平的草原面积基本稳定维持在总面积的一半左右，长势差和长势好的面积年际变化不大。

（3）川西北草原植被生长过程总体可以分为4个阶段：缓慢生长（4月中旬至5月初）—快速生长（5月初至7月中旬）—达到峰值（7月底至8月初）—缓慢下降（8月中旬至8月底）。其中，植被生长速率最快的是5、6、7月这3个月，其次是8月，最慢的是4月。

（4）牧草生长期内长势情况前后不一致，前期长势较好的后期可能变差。

（5）遥感数据虽然能够在一定程度上反映牧草长势情况，但由于受气候条件、影像处理技术等诸多因素的影响，仅靠遥感数据信息不能准确获取监测结果，还需要结合同期地面信息和气象实况来进行最终判断。

（鲁岩、唐川江、侯众）

无人机低空遥感在草地监测中的应用

无人机在遥感数据获取、勘测量界、数字化草原、地形提取、正射影像、3D 图像处理等应用方面有很多优势。通过无人机加载多光谱载荷系统，辅以应用天然草地监测相关数据处理及分析方法，从时间序列影像中获取特定植被指数信息，并利用相应植被指数来研究监测区域内植被覆盖度时序变化，分析空间（或特定空间）尺度下植被覆盖度的变化特征，能够时实、高效、准确地为草原畜牧业进行数据定量管理和服务（表 1）。

表 1　无人机与卫星载荷光谱波长信息对比

波长范围	可搭载探测仪		遥感应用	系统平台
无人机	多光谱、高光谱成像仪或照相机		紫外线探测（UV）	200～400nm
			可见光谱仪	380～800nm
		热成像仪	红外探测仪	700nm～1mm
			近红外探测仪	750～1 400nm
			短波红外	970～2 500nm
	微波探测仪			1mm～1m
	激光雷达			测绘地形及地物分类使用
	照相机			拍摄地物，精准并带有地理坐标系统经过正射校正的
卫星	MODIS（中分辨率光谱成像仪）			400nm～14.4μm
	TM（专题制图仪）			0.433～1.390μm

无人机搭载多光谱相机，图像实时传输辅以 GPS 及 GIS 技术，可以控制有效成本以及提升质量等。无人机遥感设备需要进行航空遥感数据定位、采集、处理、分析等操作流程。同时，需要地面接收系统配合航空遥感数据采集过程进行更加精确的定位，以消除 GPS 系统本身误差。无人机搭载多光谱相机可以不考虑大气校正与辐射校正等因素影响，但是根据草地植被信息获取的

要求，根据特定目标可以考虑几何校正，和适当考虑正射校正，为草地地类分布因地形海拔影响的分类识别、或者数字模型处理等提供精准考量。

植被覆盖度是描述地表植被分布的重要参数，在草地生态监测、评价草地生态环境健康等方面具有重要意义，可以有效指导畜牧业生产以及对数字化草原具有极高的预测价值。应用多光谱成像系统，通过波段选取要求，建立"卫星遥感—无人机成像光谱—草地地面监测调查"相结合的监测体系框架，以期构建多种草地监测专题图。针对不同草地类型地类特征，对多光谱数据不同波段的数据质量、波段组合分析，提出适用于不同草地类监测、遥感的手段。

一、无人机遥感数据在监测中的应用

（一）植被指数覆盖度

健康植物的波谱特征主要取决于它的叶子，植物的光谱特征主要受叶的各种色素支配，植被种类和健康状况的不同，决定了不同的特征光谱信息。且不同类别的植物，其叶子的色素含量、结构不同，因而光谱响应也存在一定的差异，高光谱数据可以非常敏感地捕捉到这些差异。基于高光谱数据，利用健康植物在各个波段的反射特征，进一步借助相关遥感分析软件对影像（多光谱、高光谱影像）进行不同植被指数（常用植被指数）的计算。

植被覆盖度是指植被（包括叶、茎、枝）在地面的垂直投影面积占统计区总面积的百分比。容易与植被覆盖度混淆的概念是植被盖度，植被盖度是指植被冠层或叶面在地面的垂直投影面积占植被区总面积的比例。两个概念主要区别就是分母不一样。植被覆盖度常用于植被变化、生态环境研究、水土保持、气候等方面，其测量可分为地面测量和遥感估算两种方法。地面测量常用于田间尺度，遥感估算常用于区域尺度。

（二）草地植被与生物量模型

采用与多光谱数据同期获取的可见光影像数据，经过几何精校正和影像的配准、融合处理后，可制作影像合成图；通过 NDVI 值差值、拟合计算分别得到植被长势、植被覆盖、生物量反演图等。通过对多光谱图像进行分类处理，也可以获取植被、土壤、水体特征等信息，完善无人机多光谱数据指标参考在草地植被中的应用。

选取特定监测点需要对植被覆盖度进行提取分析的高光谱数据，天气允许范围内选取一天内特定时间（上午或中午）、一定的飞行线路；每个监测点上重复测定 N 次，获取 N 条多光谱曲线，计算出每个监测点位多光谱曲线的平均值（按经验可去除异常曲线），得到每个监测点植被覆盖度的多光谱曲线、反射率值。计算植被指数：根据选取的植被多光谱曲线数据，分析监测点的多种植被指数（可根据要求计算来定）并与光谱反射率进行拟合；确定最佳预测模型：分别采用线性、对数、二次、三次、幂、指数函数模型，最终对每个监测点不同植被指数与该监测点草地生物量的关系进行建模。

（三）草地退化指标构建

草地退化监测主要是利用不同时期地物光谱值变化及同一时期不同地物的光谱反映能力的差异来计算植被指数，进而对草地退化状况进行估算。数据利用主要是基于植被指数的变化监测方法。尽管利用植被指数可以有效估算生物量，但由于草地退化反应在植被群落组成、群落种类组成、各类种群所占比例，尤其是建群种和优势种（包括草地优势种组合型）、退化指示植物种群的密度，高度、盖度、产量等。利用低空无人机遥感植被群落的方法，亦可作为草地退化监测指标。

（四）草地植被健康程度

应用不同的植被指数及计算方法，对监测区域植被的综合状况进行对比分析。如利用植被健康状况与绿度指数、叶面积指数、叶片水分含量和光利用效率相关的原理，可以有效地对植被健康度进行分析。

二、无人机遥感数据处理流程

见图1。

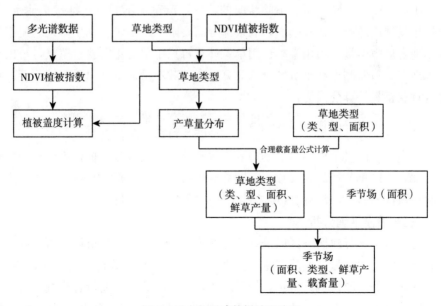

图1　无人机遥感数据处理流程

（一）产草量估算

草地生产力监测是一项长期的基础性业务工作，目的是掌握草原生产力现状与动态，为评价草原健康与草畜平衡状况提供关键指标信息；典型样地监测、植被高峰期监测、估算合理载畜量、评价草畜平衡状况等，可在检测区域逐年根据样地、样点多光谱数据进行分析。

1. 产草量遥感估算

采用每年的 7 月、8 月多光谱数据，选取牧草长势盛期与地面监测同期数据，计算 NDVI 植被指数。

2. 草原类型数据分析

数据分析时，需将矢量数据转为栅格数据。草原类分别采用不同的估算模型，根据经验，温性荒漠类、高寒荒漠类为线性模型，其余五大类为指数模型。输出结果为草原生产力估算的栅格运算结果（鲜草），单位为 kg/hm^2。

3. 产草量传统调查估算

根据传统调查样方数据中的产草量数据，再用其样方产草量作为所在草原型的产草量数值，一个草原类里如包含多个型，则取所有型产草量的平均值作为类的产草量值，一个行政单元内如包含多个草原类，则根据不同草原类的权重进行加权计算（不同县域不同草原类型对应不同的权重指标），获得每个行政单元的产草量数据。

（二）合理载畜量估算

不同年度、不同类型、不同状况的草原，产草量不同，在维持草地生态、可持续发展所需产草量基础上，剩余部分需要限定载畜量。利用草地利用率计算草地合理载畜量。利用牛羊食用草量计算每只牛羊每年需要食草量，得出草地承载量。对监测点和季节场分别计算其合理载畜量，统计单元为草原型。年度合理载畜量计算公式为：

$$年度合理载畜量 = \frac{年度可食标准鲜草产量 \times 草地利用率}{100 \times 365 \times 每日羊单位食量}$$

在产草量成果上叠加季节场边界，得到季节场载畜量，根据不同类型草地利用率，不同季节场放牧天数（不同县放牧天数不同，根据县级行政单元进行放牧天数检索），以及不同区域羊单位日食量进行载畜量计算。

（三）草畜平衡分析

对季节场、行政区（区域统计计算产量）做草畜平衡分析后，再根据产量做相交运算得出产量。实际载畜量根据行政区划统计，从行业的《统计年鉴》中拿到实际的行政区域载畜量，做最终比较。实际载畜量要折合成统一的羊单位，可根据各类牲畜年底存栏、年度出栏的数量、体重、年龄等指标进行折算。草畜平衡状况，用牲畜负载率指标来评价，可依据草原载畜量与草畜平衡标准进行草畜平衡等级划分。计算公式：

$$载畜平衡率（\%）=100-\frac{实际载畜量}{合理载畜量}\times100$$

（四）综合植被盖度

综合植被盖度计算采用两种方法：一种基于传统调查手段，一种基于无人机遥感数据。用这两种方法计算完后再进行比较分析。

1. 基于传统调查计算：根据传统调查样方数据中的盖度数据，再以样方盖度作为所在草原型的盖度值，一个草原类里如包含多个型，则取所有型盖度的平均值作为类的盖度值，一个行政单元内如包含多个草原类，则根据不同草原类的权重进行加权计算，获得每个行政单元的盖度数据。

2. 基于无人机低空遥感数据计算：计算方法如下：

$$VFC=\frac{(NDVI-NDVI_{min})}{(NDVI_{max}-NDVI_{min})}\times100$$

式中，VCF 为植被盖度，$NDVI_{max}$ 和 $NDVI_{min}$ 分别为区域内最大和最小的 $NDVI$ 值。

同时，去除非草地的数据，根据正态分布选择样方草原区域的最大最小值，根据以上公式计算区域的植被盖度，得到综合植被盖度图（图 2）。最大最小值的确定如下图左边圆圈代表 $NDVI_{min}$，右边圆圈代表 $NDVI_{max}$。

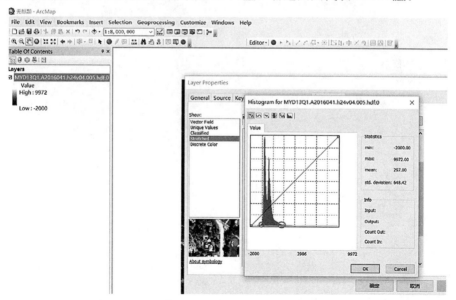

图 2　综合植被盖度图

（五）牧草长势分析对比

按照天然草地返青期、高峰期、枯黄期监测，针对不同年度同时期的 $NDGI$ 植被长势进行差值比较，可以按照旬度或者月度最大值合成。植被长势指数计算公式为：

$$NDGI = \frac{(NDVI_m - NDVI_n)}{(NDVI_m + NDVI_n)}$$

式中，$NDGI$ 为植被长势指数，$NDVI_m$ 和 $NDVI_n$ 代表不同时段的植被指数值。

（李刚勇）

草原资源资产统计

一、技术概述

本技术以遥感卫星数据为主要信息源，以地面调查资料为基础数据，参考历史的图件及相关数据，利用 GIS 系统软件，采用人机交互式目视解译、勾绘的方法，将地面数据与遥感影像、行政界线进行叠加，获取草原资源数量与质量分布现状及特征，以县为单位编辑图形及数据，逐级汇总到市及省，统计全省及所有草地拥有的市、县 1～8 级草地面积及其分布。

二、技术特点

本技术采用遥感技术、计算机技术与地面调查相结合的技术手段，与常规草原资源调查技术相比，具有以下特点：

（1）能较为准确地观察分布在地球表面的土地资源类型及其构成的信息，具有覆盖面大、宏观性强的特点。

（2）获取的草原资源信息具有及时性、动态性及多波段性等特点，有利于草原资源的动态监测。

（3）能有效减少工作量，大大提高工作效率。

该技术主要适宜拥有温性草原、暖性灌草丛类草原、草甸类草原的全部或部分的各省及其市、县草原资源资产统计，对拥有其他类草原的各省及其市、县草原资源资产统计仅供参考。

三、技术流程

见图 1。

四、依据标准

（一）草地

依据《草地分类》（NY/T 2997—2016），草地指地被植物以草本或半灌木为主，或兼有灌木和稀疏乔木，植被覆盖度大于 5％、乔木郁闭度小于 0.1、

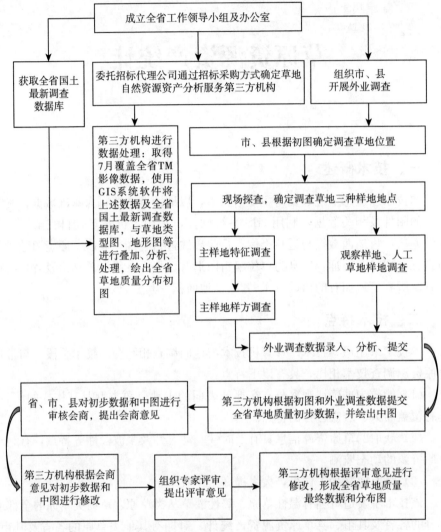

图 1　草原资源资产统计流程图

灌木覆盖度小于 40% 的土地，以及其他用于放牧和割草的土地。

　　该标准将草地划分成天然草地和人工草地两种，天然草地指优势种为自然生长形成，且自然生长植物生物量和覆盖度占比大于等于 50% 的草地；人工草地指优势种由人为栽培形成，且自然生长植物的生物量和覆盖度占比小于50% 的草地。人工草地包括改良草地和栽培草地。改良草地指通过补播改良形成的草地，可采用天然草地的类、型二级分类方法进一步划分类别；栽培草地指通过退耕还草、人工种草、饲草饲料基地建设等方式形成的草地。天然草地、改良草地的类型可采用类、型二级划分。

（二）草原质量级别

依据《天然草原等级评定技术规范》（NY/T 1579—2007），天然草原质量级别分为 8 级，见表 1。

表 1　天然草原等级划分表

草地质量级别	划　分　标　准
1 级	可食牧草产量≥4 000kg/hm²
2 级	3 000kg/hm²≤可食牧草产量＜4 000kg/hm²
3 级	2 000kg/hm²≤可食牧草产量＜3 000kg/hm²
4 级	1 500kg/hm²≤可食牧草产量＜2 000kg/hm²
5 级	1 000kg/hm²≤可食牧草产量＜15 000kg/hm²
6 级	500kg/hm²≤可食牧草产量＜1 000kg/hm²
7 级	250kg/hm²≤可食牧草产量＜500kg/hm²
8 级	可食牧草产量＜250kg/hm²

注：可食牧草产量为可食牧草风干重。

五、技术内容

（一）外业调查

1. 样地样方编号

（1）主样地、观察样地、人工草地样地编号。由"N（天然草地）/I（改良草地）/A（栽培草地）/X（非草地）"+"六位县行政编码＋调查年度＋四位顺序编码"组成。主样地：包括天然草地样地和改良草地样地。观察样地：主要设置在草地与非草地过渡区和主要草地类型过渡区，包括非草地样地——林地样地、耕地样地等，草地样地——天然草地样地、改良草地样地。人工草地样地：指栽培草地样地。如：涞源县 2017 年 1 号天然草地主样地，其样地编号为"N13063020170001"。

（2）主样地、观察样地、人工草地样地的样方编号。由"样地编号＋两位顺序编码（01～99）"组成。如：涞源县 2017 年 1 号天然草地样地 3 号样方，其样方编号为"N1306302017000103"。

2. 主样地设置及其调查内容

每个县每个草地型必须设置一个主样地；若某县草地型面积大于 7 万亩①，则该草地型主样地设置数量为每 7 万亩设置 1 个，小于 7 万亩按 7 万亩

---

① 亩为非法定计量单位，1 亩≈667m²，下同。

对待（河北省经验做法，仅供参考）。

主样地调查内容详见主样地基本特征调查表（表2），填写时要注意以下几个两点：

（1）拍摄景观照并进行编号。景观照要能反映主样地在空间尺度范围所包含的视觉景象，编号以该照片在相机中的序号作为该景观照的编号。为了准确记录照片编号，应事先掌握所用相机序号编排方法。

（2）GPS定位。用GPS进行经纬度和海拔测定。GPS坐标要采用WGS 84坐标，经纬度单位必须以"°"为单位进行记录，且小数点后至少取5位数。如某样地GPS定位E115.916667°，N40.183333°，海拔350m。

3. 主样地样方设置及其调查内容

（1）样方设置及面积。

①样方设置。主样地确定后，要在每个主样地内设置3个样方：第1个为描述样方、第1~3个为测产样方。设置样方时要沿不同方向和距离进行设置，一般样方间距30m。

②样方面积。温性草原样方1m×1m；暖性灌草丛类10m×10m，若暖性灌草丛类灌丛分布均匀，也可采用5m×5m；草甸类0.5m×0.5m。

（2）草本类样方的填写。草本类样方包括温性草原样方和草甸类草原样方，填写内容详见表3。填写时要注意以下4个关键问题：

①拍摄样方俯视照并记录编号：拍摄时在样方框外侧放置样方编号，以保证记录的准确性；拍摄时采用俯视角度；编号以该照片在相机中的序号作为该俯视照的编号。

②GPS定位：要求同上。

③描述样方和测产样方尽可能选择在未被利用的区域。

④样方调查内容。

——描述样方（第1个）调查内容。

● 草群自然高度。下蹲观察样地不同草群的层次高度，以主体层次高度作为草群自然高度。

● 植物名称。记录样方内出现的每个植物种的名称。

● 生殖枝和营养枝的自然高度。分别测定每个植物种的生殖枝和营养枝的自然高度。

● 株丛数。记录每个植物种在样方内的株丛数量。

● 物候期。记录每个植物种所处的物候期。

● 产量。包括鲜重和干重，鲜重测量时齐地面剪割并称重装袋，并以"样方号＋植物种名"的方式进行记录，记录时要用铅笔书写在纸条上放入样袋内

表2　样地基本特征调查表

样地号：	
调查地点：　　县　　乡（镇）　　村	调查日期：　　年　　月　　日
经度：　　纬度：　　海拔：　　m	景观照编号：
草地类：　　草地型：	

地形地貌	山地（ ）　丘陵（ ）　高原（ ）　平原（ ）　盆地（ ）
坡　向	阳坡（ ）　半阳坡（ ）　半阴坡（ ）　阴坡（ ）
坡　位	坡顶（ ）　坡上部（ ）　坡中部（ ）　坡下部（ ）　坡脚（ ）
土壤质地	砾石质（ ）　沙土（ ）　沙壤或壤沙（ ）　壤土（ ）　黏土（ ）
地表特征	枯落物：有（ ）/无（ ）/均匀（ ）/斑块状（ ）；立枯：有（ ）/无（ ）/少（ ）/多（ ）；占绿色植物比例（ ）%；砾石：无（ ）/少（ ）/多（ ）；盐碱斑：无（ ）/少（ ）/多（ ）；覆沙：无（ ）/少（ ）/多（ ）；裸地面积比例（ ）%；水蚀：无（ ）/少（ ）/多（ ）；风蚀：无（ ）/少（ ）/多（ ）；鼠害：无（ ）/少（ ）/多（ ）；虫害：无（ ）/少（ ）/多（ ）
水分条件	季节性积水：有（ ）/无（ ）m；降雨保存能力：好（ ）/中（ ）/差（ ）；地表水种类：河（ ）/湖（ ）/泉（ ）；距水源：（ ）m；其他：
植被外貌	季相：　　优势植物物候期：拔节（ ）/分枝（ ）/抽穗（ ）/现蕾（ ）/开花（ ）/结实（ ）；其他：
利用方式	全年放牧（ ）　冷季放牧（ ）　暖季放牧（ ）　春秋放牧（ ）　禁牧（ ）　打草场（ ）　其他（ ）
利用强度	未利用（ ）　轻度利用（ ）　中度利用（ ）　强度利用（ ）　极度利用（ ）　其他（ ）
综合评价	好（ ）　中（ ）　差（ ）　　记录人：

或书写在不干胶贴纸上粘贴在样品袋外侧；待草样风干后称量其干重。

●枯落物产量。枯落物包括地面枯落物和立枯物，收集样方内的枯落物称重并装袋，待风干后称量干重，同时用铅笔将以"样方号＋枯落物"的方式填写在纸条上并装入样品袋内或书写在不干胶贴纸上粘贴在样品袋外侧。

●调查技巧。进入样地后，先测量草群自然高度；其后记录植物种名称（记录顺序为先优势种，后伴生种及偶见种）；最后记录每个植物种的株丛数并齐地面剪割，并称量装袋。测定数据填入表 3 中。

——测产样方（第 1～3 个）调查内容。将样方内所有植物齐地面剪割，称重后装袋；同时用铅笔以"样方号＋混合样"记录填写在纸条上装入袋中或书写在不干胶贴纸上粘贴在样品袋外侧。如"N1 306302017000103 混合样"。产量数据第 1 个样方填入表 2 中的"产草量（g）"和"样方 1"栏中，第 2 个和 3 个样方分别填入表 3 中"样方 2"和"样方 3"对应的栏中。

（3）灌草丛类样方的填写。灌草丛类样方俯视照编号、GPS 定位要求同草本类样方，填写内容详见表 3 和表 4。填写时要注意以下两个关键问题：

①描述样方调查内容。

●灌木及高大草本层名称。填写样方内的灌木或高大草本优势种名称。

●层高。每种灌木及高大草本层均要填写层高，每种选取株高具有代表性的一棵植株测量其高度。如有三种优势种，层高分别为 70cm、60cm 和 80cm，则"层高"栏填写"70/60/80cm"。

●植物名称。记录样方内的灌木或高大草本种名称。

●标准株确定及其长、宽、高测定。选定一棵能够代表该种灌木或高大草本的株丛作为标准株，并测定其高度、长度和宽度。

●非标准株灌木及高大草本株丛的测定。测定样方内所有非标准株灌木及高大草本的长度和宽度。

●产量。剪取标准株当年生枝条进行测产，根据标准株大小可选择剪取全株、1/2 株或 1/4 株当年生枝条进行产量测定；称重后将样品装入在样品袋内，同时用铅笔将"样方号＋灌木或高大草本"名称写在纸条上一并放入该样品袋内或书写在不干胶贴纸上粘贴在样品袋外侧；待风干后，称取其干重。

●枯落物产量。方法同草本类样方。以上测定指标均要填写在表 4 中。

②草本样方调查内容。在灌草丛样地内，若草本植物发育比较发达，在描述样方完成后，尚需对草本植物层进行测定；测定时设置 1 个草本描述样方、3 个测产样方，具体方法同草本类样方，但登记植物名称时必须包含灌木，且灌木名称写在前面，草本名称写在后面；产量测定结果填入表 3 中。

表 3 草本及小（半）灌木样方调查表

样方号：　　　　调查日期：　年　月　日　　　　　　　记录人：

经度：　　纬度：　　海拔：　m　草群自然高度：　　样方面积：　m²　样方自然高度：　cm　样方俯视照片编号：

植物名称		株丛数	自然高度（cm）		物候期	产草量（g）	
中文名	地方名 拉丁名		生殖枝	营养枝		鲜重	干重
1.							
2.							
3.							
4.							
5.							
6.							
7.							
8.							
9.							
10.							
11.							
12.							
汇　总							

	样方 1		样方 2		样方 3		平均产量（g/ m²）	
	鲜重	干重	鲜重	干重	鲜重	干重	鲜重	干重
总产量（g）								
枯落物量（g）								

表 4 灌木及高大草本样方调查表（全测法）

样方号：
经度： 纬度：
灌木及高大草本层名称：

日期： 年 月 日
海拔： m 层高： cm
样方面积： m²
样方俯视照片编号：
记录人：

植物名称	标准株(cm)	株丛 长(cm)	株丛 宽(cm)	株丛 长(cm)	株丛 宽(cm)	株丛 长(cm)	株丛 宽(cm)	株丛 长(cm)	株丛 宽(cm)
中文名： 地方名： 拉丁名：	长：___ 宽：___ 高：___								
标准株取样比例：（ ）丛； 标准株取样鲜重 g：（ ）； 标准株取样干重 g：（ ）									
中文名： 地方名： 拉丁名：	长：___ 宽：___ 高：___								
标准株取样比例：（ ）丛； 标准株取样鲜重 g：（ ）； 标准株取样干重 g：（ ）									

汇总	灌木及高大草本产量	草本及小（半）灌木产量	总产量	枯落物量
鲜重（g/m²）				
干重（g/m²）				

注："标准株取样重量（包括鲜重和干重）"指"标准株取样比例之丛数"的重量，如取标准株 1/3，则"标准株取样重量"即为 1/3 标准株的重量。

表 5 路线观察样地调查表

样地所在行政区：　　　市　　　县　　　乡　　　村

样地号：　　调查日期：　年　月　日　景观照编号：　　样方俯视照编号：　　记录人：

地理位置：经度：　　纬度：　　海拔：　　m　方位：

样地类别：草原类：　　草地类型：　　高度：　　cm　草地型：

优势植物种记名（2~5种）：　　　　产量：　　g/m²

表 6 人工草地调查表

样地所在行政区：　　　市　　　县　　　乡　　　村

样地号：　　调查日期：　年　月　日　景观照编号：　　记录人：

样地植物：鲜草产量：　g/m²　海拔：　m　方位：

拍点编号	经度	纬度
1		
2		
3		
4		
5		
6		
7		
8		
9		

4. 路线观察样地和人工草地样地设置及其调查内容

（1）路线观察样地设置及其调查内容。

①路线观察样地设置。（路线）观察样地主要设置在草地与非草地过渡区和主要草地类型过渡区。观察样地是主样地的对比，在做完主样地后，发现主样地草地类型向林地、耕地或其他草地类型过渡时，就要在过渡区域设置一个观察样地。

②观察样地调查内容。填写内容详见表5。

表中方位一栏，要以样地所在村庄或其他固定处所作为参照进行填写。如样地所处位置在村庄东侧 2km 处，则其方位填写内容为：××村东 2km。高度指草群高度，测定方法同草本类样方；其他要求同主样地。

（2）人工草地样地设置及其调查内容。

①人工草地样地设置。有人工草地的县至少设置 1 个人工草地样地；面积大于 1 万亩的，则每 1 万亩设置 1 个，小于 1 万亩按 1 万亩对待（河北省经验做法，仅供参考）。

②人工草地样地调查内容。填写内容详见表6。

方位记录要求同观察样地。矩形草地，在其四角处测定经纬度；非规则形草地，要在每个拐点处测定其经纬度。

（二）数据处理

1. 遥感信息源获取

以陆地资源卫星 Landsat 8 的 TM 数据为遥感信息源，具体要求：时相以植物生长旺季为主（当年 7 月份），分辨率15m，波段为5、4、3 假彩色合成，校正误差应小于 2 个像元；底图投影选用等积割圆锥投影，即 Albers 等面积投影方式；数据格式 TIF 格式。

2. 解译标志建立

图像的解译标志包括遥感图像形状、色调、纹理、阴影、位置、布局及分辨率等要素。对一些熟悉的地物，只需要 1～2 种解译要素就能辨别，而一些不熟悉的地区，则需要多种要素结合对地物的属性做出鉴别。

由于影像的时相及不同空间区域的气候、地貌、土壤等方面的差异，不同景的影像有时会出现相同的草原特征而影像特征不同，不同的草原特征而影像特征相同的问题。因此，需要对每一景的影像建立一个适合本景影像特征的草原专题解译标志，解决"同谱异物或同物异谱"问题。解译标志的确定是在解译人员积累多年草原资源研究与调查的实际工作经验，能够宏观全面了解统计区域草原情况，并充分利用外业调查资料的基础上进行。

3. 人机交互式判读勾绘

以县为单位，根据解译判读标志对卫星影像进行解译和类型识别。利用

GIS系统软件，对每一个图斑进行预判加注草原分类系统属性编码；按照草原类型分类系统，叠加外业调查资料、遥感影像等信息数据，参考当地以往草原调查数据及相关资料，根据野外调绘的草原类型工作底图，对预判的草原类型图进行进一步的修改校正。

4. 面积统计汇总

解译完成后，根据不同比例尺工作底图（1：5万、1：10万或1：25万）的精度要求，按照草原各类代码分别以县为单位，利用计算机系统进行1～8级草地面积计算及统计汇总，由县汇总到市及省。

六、具体案例

2016年，河北省开展了草原资源资产统计工作。经统计，全省草地面积284.64万hm²。其中，1级草地37.98万hm²，占13.34％；2级草地46.96万hm²，占16.5％；3级草地108.84万hm²，占38.24％；4级草地46.23万hm²，占16.24％；5级草地24.80万hm²，占8.71％；6级草地11.47万hm²，占4.03％；7级草地0.33万hm²，占0.12％；8级草地8.03万hm²，占2.82％。

全省1～8级草地分布情况如图2。

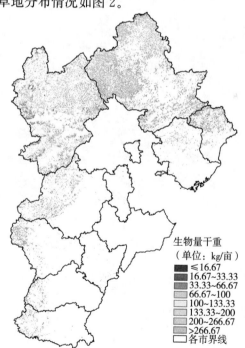

图2 河北省1～8级草地分布情况

注：从下方浅色至上方深色分别表示1～8级草地。

七、注意事项

外业调查时，完成一个样地的样地、样方调查工作后，务必用订书机将该样地的调查表格订在一起，以免同其他样地调查表搞混。同一样地产量测定的样品袋也要系在一起，以防混淆。当天拍摄的照片，返回单位后要复制到电脑中，并进行分组整理。

（张焕强、宋向阳、郭昌、王晓栋、毕力格吉夫、何丽、郑国强）

草地监测工具设备

一、技术概述

我国是世界草地大国之一，草原占我国国土面积的41％，是我国最大的陆地生态系统。草原是我国边疆少数民族赖以生存的家园，是区域经济社会发展和畜牧业发展的重要物质基础和基本生产资料，是一项重要的战略资源，是我国面积最大的绿色生态屏障。草原不仅具有物质生产功能，还具有调节气候、水土保持、涵养水源、防风固沙、保持生物群落多样性等多项生态服务价值，在推进生态文明、建设美丽中国过程中大有可为，丰富的草原资源为我国草业提供了巨大的发展空间。

我国草地类型丰富多样，面向国家生态安全和食物安全的战略需求，推进草牧业可持续发展是草地生态安全和食物安全的保障、发展草原文化与各民族共同繁荣的基础。草原保护与合理利用，直接和农牧民的生产生活紧密相连，可以说保护草原、发展草地畜牧业是乡村振兴的支柱产业，是牧区振兴的重要抓手。

为有效保护和利用草地，使草地资源可持续发展，需要针对性的采取大范围的天然草地资源动态监测工作，通过监测点数据的获取，及时掌握草地量化指标。近年来，地面监测配合大范围的利用遥感技术为研究草地现状、草地实地监测工作提供了技术与数据支持。

草原监测是保护和建设草原的一项重要的基础性工作，通过草原资源和生态监测，可以及时掌握草原资源现状及在气候变化和人类活动的影响下的动态变化，有利于基本草原保护和更合理的利用草地资源，有利于制定和实施草畜平衡、禁牧轮牧、划定草地资源生态保护红线等草原保护制度。草地监测可为国家生态环境建设和社会经济发展提供宏观建议和决策分析，对促进现代畜牧业发展和草原生态文明建设有着重要的现实意义。经过多年的工作实践和提炼，我们整理出了草原资源与生态监测工具设备，以期为草地资源与生态监测工作提供参考。

二、技术特点

本技术适用于我国各类型草地资源与生态监测，针对草原资源和生态监测实际需求，系统整理了地面监测和遥感监测两种草原监测使用的常规工具设备。同时，对近年来使用的新的监测方法和设备进行了归纳总结，并对设备的使用及要求进行了阐明，对工具设备使用和操作程序进行了规范，可以确保监测数据的科学、完整和准确性。

三、技术内容

(一) 植被和土壤监测工具设备

1. 取样工具

布袋、封口塑料袋、信封袋、尼龙袋、旧报纸、测绳、皮尺、盒尺（钢卷尺或木折尺）、样方框、植物标本夹、剪刀、枝剪、小耙子、点测样方器、点测器、样圆、环刀、土钻、铝盒。

样方框：一般使用正方形的样方框，面积 $1m \times 1m$（典型草原）和 $0.5m \times 0.5m$（草甸草原）。

样圆：测定草本植物频度的样圆面积规定为 $0.1m^2$（直径 35.6cm），即用粗铁丝制成的直径 35.6cm 的圆圈，在样地中沿随机的方向随机抛出 50～100 次，登记和编制每一取样中的植物名录。在编制了全部取样的植物名录之后，计算每一个种在该群落中出现的百分数，就是种的频度百分数。

测绳、钢卷尺和皮卷尺：一般用长 20～50m 的，用于样条法、样带法和样线法测定。

样条法：样条是样方的变形，即长宽比超过 10∶1，取样单位呈条状的样方。适用于研究稀疏，或呈带状变化的植被。在植物个体相差较大时，样条的准确性超过样方。在半荒漠和荒漠，视灌木成分的多少和均匀程度，可用 1m 宽、20～100m 长的样条，重复 2～3 次测定重量及其他数量特征。

样带法：样带是由一系列样方连续、直线排列而构成的带形样地，最适用于生态序列，即植被和生态因子在某一方向上梯度变化及其相互关系的研究。例如，河谷草地的水分和植被变化，畜圈、饮水点周围的土壤和植被变化，丘间低地到沙丘的水分、盐分和植被变化，两个群落过渡地带的植被及其生境条件的变化等。

样线法：是以长度代替面积的取样方法，在株丛高大且不郁蔽的草地上用以测定盖度和频度较样方法更方便、准确。样线法的具体方法是，在样地的一侧设一侧线，然后在基线上用随机或系统取样法定出几个测点，以作为样线重复的起点；也可不作基线，直接使用两条平行或互相垂直的足够长的样线，列两条50～100m的样线。样线最好使用20～50m的钢卷尺或皮卷尺，因其有刻度，测定方便，如无卷尺可使用测绳。

点测样方器：用于无面积取样的样点法，也叫点测法，是草地植被定量分析的传统技术之一。样点法是将细而长的针垂直或成一角度穿过草层，针所接触到的植物体部分称为样点样本。点测器细针装于刻度杆的末端，刻度杆可在能转动的台槽中呈倾斜、垂直或水平地滑动。点测器架上有并排等距的10根针，间距为5cm或10cm，针能自由上下移动。使用时将样点架放在样地上，从一侧开始，将针从上向下插入，记录测针所接触的植物名称及每种植物的次数。一次测定后，向前移5cm或10cm进行下一次测定。

点测器：针刺法测定植被盖度。在样方内分10等份等距设10条直线，在每条线上等距设10个针刺点，共计100个针刺点。在每个针刺点用探针垂直向下刺，若有植物，记做1，无则记做0，计算出1的出现次数后，以％的形式表示为盖度。

盒尺（钢卷尺）、普通米尺：高度和长度测量工具，精确到1mm。

剪刀：草本植物群落用普通剪刀剪取地上生物量。灌木和高大草本用灌木剪或枝剪。

环刀：测定土壤容重。将环刀托放在已知重量的环刀上，环刀内壁擦上凡士林，将环刀刃口向下垂直压入土中，直至环刀筒中充满土样为止。用修土刀环周围的土样，取出已充满土的环刀，细心削平和擦净环刀两端及外面多余的土。同时在同层取样处，用铝盒采样，测定土壤含水量。把装有土样的环刀两端立即加盖，以免水分蒸发。随即称重（精确到0.01g），并记录。

土钻和铝盒：用于土壤质量含水率测定；土钻用于图样的采集，铝盒用于装土样。铝盒与装土的铝盒测定采用分析天平称重，准确至0.0001g。

马福炉：测定灰分重和有机物重，植物样品放在烘箱内100～105℃下烘干至恒重登记该干物质重。取干物质样本2～3g，在马福炉内灰化，称灰分重，干物质重减去灰分重即为有机物重，亦称去灰分物质重。

数码相机：对地表植被用数码相机垂直向下拍照，以计算覆盖度。

GPS手持终端：经纬度、海拔高度测量工具，精确测定样地所在的地理位置，单位度（精度小数8位）或度、分，度分秒（精度小数2位）。

坡度、坡向测定工具：坡度仪，单位用度，精确到1位小数。

2. 称重工具

电子天平（0.01g）：用来测定土壤含水量、植物鲜重、干重等；分析天

平 (0.0001g)，用于植物和土壤营养物质定量分析的样品称重。

3. 干燥工具

烘箱和便携式烘箱。

4. 测量工具设备

便携式光谱仪、凯氏定氮仪、分光光度计、便携式土壤温湿度仪、土壤温度计、温度传感器（热敏电阻）、便携式电导率速测仪、土壤紧实度仪、土壤pH计。

便携式光谱仪：野外测定叶片光谱、冠层光谱和群落光谱，反演草地地上生物量。叶片光谱使用光谱仪自带的叶片夹持器进行测量。冠层光谱和群落光谱在晴朗、无云、光照条件较好的时段测量。

便携式土壤温湿度仪：土壤温湿度计进行了体积含水率测定，土壤温度技术参数：土壤温度单位:℃；测试范围：$(-40\sim100)℃$；精度：$(±0.5)℃$；土壤水分技术参数：水分单位:%（m^3/m^3），含水率测试范围：$0\sim100\%$，相对百分误差：$\leqslant3\%$。

土壤温度传感器（热敏电阻）：测量范围 $(-55\sim125)℃$，把 LCD 显示屏接入温度传感器接口，运行后 LCD 显示屏显示实时温度值。

土壤温度计：精度 $(±0.5)℃$，分辨率 $0.1℃$。

便携式电导率速测仪：可直接测量土壤、水和有机溶液的电导率。使用EC 450 便携式电导率速测仪可以方便、迅速地测量土壤电导率，省去了以往传统的取土样，前处理等烦琐的工序。广泛适用于温室大棚土壤肥力普查，野外盐分测量，水质测量等。测量精度要求电导率 $(±1)\%$，温度 $(±0.5)℃$，盐分$(±1)\%$。

土壤 pH 计：测定土壤 pH，准确率等级 0.01 级，测量范围 pH $0\sim14$。

土壤紧实度仪：测定土壤紧实度，选择地表状况均一的位置，将仪器探针垂直地面向下匀速插入，每插入 10cm 读取一次数据，测定最大深度 50cm，每个样点选择 3 个插入位置，即 3 次重复。

凯氏定氮仪、分光光度计：测定土壤化学性质指标；有机质测定采用油浴重铬酸钾外加热法；全效氮采用凯氏定氮法测定；速效氮采用碱解扩散法测定；全效磷采用酸溶—钼锑抗比色法；速效磷采用碳酸氢钠浸提—钼锑抗比色法；

火焰光度计：测定土壤钾，全效钾采用氢氟酸—高氯酸消煮法；速效钾采用乙酸铵浸提法。

γ 射线传感器（高纯锗 γ 谱仪）：测定土壤容重。测定时，γ 射线垂直环刀面通过环刀原状土的中心及中心外均匀分布的 3 个点，每个点分别获取

2min 内的计数值。

5. 其他资料设备

地形图、卫星影像图、草原资源图、望远镜、无人机。

（二）小气候监测工具设备

空气温湿度计、光合辐射计、便携式小气候测定仪、小型气象站。

小型气象站：由气象传感器、气象数据记录仪、电源系统、野外防护箱和不锈钢支架等部分构成。

小型气象站仪器配置：光（辐射）传感器系列（太阳辐射传感器、光合有效辐射传感器、紫外辐射传感器等）、温度传感器系列（环境温度传感器、水温度传感器）、风传感器系列（环境风向传感器、环境风速传感器）、土壤传感器系列（土壤温度传感器、土壤水分传感器）、水雪冰传感器系列（降雨量传感器、降雪传感器、蒸发量传感器）。

传感器技术参数：

- 空气温度：（－30～70）℃，精度：（±0.2）℃；空气湿度：0～100%，精度：（±3）%；

- 光照强度：0～200klux，精度：（±5）%；风速：0～60m/s，精度：（±0.5）m/s；风向：16 方位；土壤温度：（－40～120）℃，精度：±<0.2℃；土壤湿度：0～100%，精度：（±3）%；雨量：0～50mm/小时，误差：（±4）%；蒸发量：0～20mm/天，精度：（±1）%；大气压力：50～110kpa，精度：15 位。

（三）遥感监测工具设备

1. 属性数据库

（1）草原资源资料与统计数据：草原面积现状、草原初级生产力现状及等级评价、草畜平衡状况；草原退化、草原沙化、草原盐碱化现状；草原鼠、虫害发生面积及程度；草原火灾、雪灾、旱灾面积及程度；草原生态保护建设工程现状分析及效益评价等资料和统计数据。

（2）其他资料与统计数据。气象、水文地质资料、地面考察与观测资料、人口及社会经济、畜牧业生产资料等。

2. 空间数据库

（1）专题数据。

自然背景图：气候、水系、地貌、土壤、植被图等；

草原资源图：类型、等级、分区、生产力图等；

草原生态功能受损图：退化、沙化、盐碱化图等；

自然灾情图：旱灾、火灾、雪灾、鼠害、虫害灾情图等；

草原生态保护建设工程布局图。

（2）遥感数据。主要包括 NOAA－AVHRR、TM/ETM、SPOT、EOS－MODIS 等卫星遥感数据。

3. 系统的硬件和软件环境

硬件系统具有快速的数据处理能力，以工作站、数据服务器及高档次微机为核心，配以相关外部设备的计算机系统，以及数据的网络传输设备等。

遥感图像处理软件选用 ERDAS、ENVI 等，地理信息系统软件选用工作站和 PC 版 ARC/INFO、Arc/View 及多种网络管理、变成及数据库软件等。

4. 专题图件

基本比例尺：全国按 1∶400 万到 1∶100 万；省级按 1∶100 万到 1∶25 万；县级按 1∶25 万到 1∶10 万比例尺。

主要图件包括：草原资源类型分布图及生产力等级分布图、草原利用现状图、草原退化图、草原沙化图、草原盐渍化图、草原鼠、虫害分布图，各种草原自然灾害图及草原生态保护建设工程分布图等。

四、注意事项

（1）样线最好使用钢卷尺或皮卷尺，因其有刻度，测定方便；如无卷尺，可使用测绳。

（2）点测法使用较细的针，可以减少误差。一般使用直径 2mm 左右的针，它可以保证针的坚挺和正确使用。

（3）选择使用小气候观测仪器，必须遵循适用原则。仪器本身技术性能的参数很多，要特别注意它的测量值、测量范围和误差。

（4）小型气象站野外使用注意采用防水箱体防护，扣盖内侧衬有密封胶条，可防止雨水进入箱内，但如果记录仪放置过低（比如直接放到地面上），或放置方法不对（将记录仪上下颠倒，或平放到地面上）将可能造成出线孔进水的危险，从而影响记录仪的使用。

（5）便携式光谱仪使用应选在晴朗、无云、光照条件较好的时段测量。冠层光谱的测量为避免土壤和其他植被的干扰，选取了植被类型单一，覆盖度接近 100% 的地段进行光谱采集。

（6）土壤温度计等便携式仪器使用前，应认真阅读说明书、确保接线正确，任何错误接线均有可能对变送器造成不可逆伤。不要用挥发性液体擦拭仪器，否则可能导致仪器变色变形；用软布擦拭，避免仪器外部保护膜划伤，以利于延长仪器使用寿命。

五、引用标准

《草业科学研究方法》《草地生态系统观测方法》《草地资源与生态监测技术规程》（NY/T 1233—2006）及相关文献。

（刘桂霞、张焕强、李佳祥）

草地生态价值测算

一、技术概述

草地生态系统的开发利用与生态平衡和人类生活密切相关。草地生态系统除能够为人类提供肉、奶、毛皮等产品价值，还提供初级生产、固碳、改良土壤、调节气候、防风固沙、涵养水源和维护生物多样性等服务功能，这些都是草地生态系统为人类提供的直接价值或间接价值，是农牧民生活保障、生态保护屏障和草原文化的传承基础。近年来，国家愈发重视草地生态系统维护工作，习近平同志在十九大报告中指出，要加大生态系统保护力度。随着生态保护工作的开展和生态文明的建设，草地生态价值对于我国经济发展的贡献逐步增大。为了草地生态系统可持续利用和发展，有必要对草地生态价值进行测算，进一步为评价草原生态文明建设奠定基础。

二、技术特点

该技术基于市场价格法、碳税法、造林成本法、工业氧替代法、影子工程法、费用分析法、替代市场法、机会成本法和条件价值法等方法而形成，适用于全国草地生态价值的测算。

三、技术流程

在草地生态价值分类方法的基础上，将草地生态价值划分为两部分：直接价值（提供产品功能）和间接价值（调节与支持功能和文化功能）。

（一）建立测算指标体系

草地生态价值测算指标体系分为 3 个一级指标、9 个二级指标和 11 个三级指标，具体内容和方法如表 1 所示。

采用市场价格法、碳税法、造林成本法、工业氧替代法、影子工程法、费用分析法、替代市场法、机会成本法和条件价值法等方法，将无形、无市场的生态产品转化为有形、可计算的价值，来测算草地生态价值。

表 1　草地生态价值测算指标体系

一级指标	二级指标	三级指标	测算方法
提供产品价值	提供产品价值	产草价值	市场价格法
		畜牧产品价值	市场价格法
调节与支持价值	固碳价值	固碳价值	碳税法、造林成本法
	释氧价值	释氧价值	工业制氧替代法造林成本法
	涵养水源价值	涵养水源价值	影子工程法
	水土保持价值	减少泥沙淤积价值	费用分析法
		减少土壤肥力损失价值	替代市场法
	养分循环价值	养分循环价值	市场价格法
	固氮价值	固氮价值	市场价格法
	维持生物多样性价值	维持生物多样性价值	机会成本法
文化功能价值	文化功能价值	草地旅游价值	条件价值法

1. 提供产品的价值

从供给角度考虑草地生态价值，体现在草地生产出的产品，主要包括：产草价值和畜牧产品价值。

2. 调节与支持功能价值

这部分的产品价值主要包括：

（1）固碳价值。生态系统通过植物光合作用和呼吸作用与大气进行二氧化碳交换，固定大气中的二氧化碳，有助于减缓温室效应。

（2）释氧价值。生态系统通过释放氧气对维持地球大气的二氧化碳和氧气的动态平衡，对减缓温室效应有着不可替代的作用。

（3）固氮价值。固氮对草原生态有着重要的作用，随着放牧强度的增加，草地土壤的氮含量下降。长期的过度放牧已经严重影响了草地的氮储量，固氮的价值是根据草地的固氮量乘以市场上氮肥的平均价格来进行测算。

（4）涵养水源价值。涵养水源是草地生态的重要功能之一，涵养水源价值是平均降雨量与平均蒸散量之差与研究区域面积及水价乘积。

（5）水土保持价值。主要包括减少泥沙淤积的价值、减少土壤肥力损失的价值。

（6）养分循环价值。表现为不同类型的草原滞留营养物质的总价值。

（7）维持生物多样性价值。采用机会成本法，通过建设相关自然保护区的费用来测算。

3. 文化功能价值

以草地为载体的生态文化、生态游乐及观光价值,包括:旅游门票、住宿、骑马、餐饮等。

(二)基础数据获取

在确定草地生态价值测算指标后,通过收集草地产草量、草地面积、固碳数量、释氧数量、平均降雨量、平均蒸散量、草地土壤氮、磷、钾平均含量、减少的土壤侵蚀量和草地平均每年的净初级生产力等数据进行测算,为草地生态价值测算提供产品、固碳、释氧、涵养水源、水土保持、养分循环、固氮、维持生物多样性和生态旅游等主要指标,统计草地生态系统提供产品功能、调节及支持功能和文化服务功能的物质量。

其中,草地产量、草地面积由统计资料来确定;畜产品产量由《统计年鉴》中各类畜牧产品出栏数量得到;草产品价格和草食牲畜售价来自《全国农产品成本收益资料汇编》;碳税价格来自瑞典碳税 150 美元/t 均值(按年均汇率折算为人民币);草地年净初级生产力出自地面监测数据;工业制氧价格采用 400 元/t 氧气进行测算;水价主要根据居民用水平均价来计算;降雨量和蒸散量来自统计数据;化肥价格来自商务厅网站;营养物质中 N、P、K 等元素含量数据来自实验数据;氮肥平均价格来自商务厅网站。

(三)测算草地生态价值

以草地生态系统的物质量为基础,通过经济价值转移的方法,测算草地生态系统供给产品、调节及支持功能和文化功能等部分的经济价值。

四、技术内容

(一)提供产品价值

从草地供给角度考虑草地生态价值,主要体现在草地可以供给的产品,采用市场价格法对产草价值和畜牧产品价值进行测算。公式如下:

1. 产草价值

$$V_{产草} = Q \times S \times P$$

式中,$V_{产草}$ 为产草价值(元);Q 为草地产量(kg/hm²);S 为草地面积(hm²);P 为产草价格(元/kg)。

2. 畜产品价值

畜产品价值只计算草食牲畜的相关产品产生的价值,草食牲畜主要为牛、羊、马。为准确测算畜牧产品价值,只计算草地合理载畜量范围内的出栏牲畜。公式如下:

$$V_{畜牧产品} = \sum_{i=1}^{n} Q_i \times P_i \quad (i=牛、羊、马)$$

式中，$V_{畜牧产品}$ 为畜牧产品价值（元）；Q_i 为第 i 类畜牧产品产量（头、只、匹）；n 为畜牧产品种类数量；P_i 为第 i 类畜牧产品的市场售价（元/头、只、匹）。

（二）调节与支持功能价值

草地生态系统的调节及支持功能价值体现在，固碳、释氧、涵养水源、水土保持、养分循环、固氮和维持生物多样性方面所产生的价值。

1. 固碳价值

采用碳税法测算，公式如下：

$$V_{固碳} = Q_{固碳} \times P_{碳税} \times S$$

$$Q_{固碳} = M \times 1.63$$

$$M = [(1-W) \times Q_f \times S] \times (1+1/R)$$

式中，$V_{固碳}$ 表示固定二氧化碳价值（元）；$Q_{固碳}$ 表示固碳量（t）；$P_{碳税}$ 表示碳税价格（元/t）；M 为草地年净生产量（t/年）；W 为平均鲜草含水量；Q_f 为单位面积草地的鲜草产量；S 为草地面积（hm^2）；R 为茎根比。1.63 为根据光合作用和呼吸作用反应式推算每形成 1g 干物质需要 1.63g 的二氧化碳。

造林成本法即利用固定吸收等量二氧化碳所需森林面积的造林成本来替代草地植物吸收二氧化碳所产生的价值，公式如下：

$$V_{固碳} = Q_{固碳} \times P \times S$$

式中，P 为单位面积的造林成本。

2. 释氧价值

采用工业制氧替代法进行测算，主要涉及草地释氧量和工业制氧价格数据。公式如下：

$$V_{释氧} = Q_{释氧} \times P_o \times S$$

$$Q_{释氧} = M \times 1.2$$

$$M = [(1-W) \times Q_f \times S] \times (1+1/R)$$

式中，$V_{释氧}$ 表示释放氧气价值（元）；$Q_{释氧}$ 表示释放氧气量（t）；P_o 表示该区域工业制氧价格（元/t）；M 为草地年净生产量（t/年）；W 为平均鲜草含水量；Q_f 为单位面积草地的鲜草产量；S 为草原面积；R 为茎根比。1.2 为根据光合作用和呼吸作用反应式推算每形成 1g 干物质要释放 1.2g 的氧气。

按照造林成本法，公式如下：

$$V_{释氧} = Q_{释氧} \times P \times S$$

式中，P 为单位面积的造林成本。

3. 涵养水源价值

涵养水源功能主要是指对降水的截留、吸收和贮存，将地表水转为地表径流或地下水的作用。该部分价值通常以影子工程法进行测算，公式如下：

$$V_{涵养水源} = (R-E) \times S \times P$$

式中，$V_{涵养水源}$ 为涵养水源价值（元）；R 为平均降雨量（mm/hm²）；E 为平均蒸散量（mm/hm²）；S 为研究区域面积（hm²）；P 为水价（元/m³）。

4. 水土保持价值

该价值主要包括减少泥沙淤积的价值、减少土壤肥力损失的价值。在测算过程中，首先测算草地减少的土壤侵蚀量，然后再减轻泥沙淤积灾害和减少土壤肥力损失两个方面的价值。

（1）减少泥沙淤积的价值 V_1：每年减少的泥沙相当的库容数，乘以 1m³ 库容的水库工程费用。

（2）减少土壤肥力损失的价值 V_2：根据土壤侵蚀量和单位重量土壤各营养物质含量计算土壤营养物质损失总量，采用替代市场法测算减少土壤肥力损失的价值。公式如下：

$$V_2 = \sum Q \times P \times C_i (i=N, P, K, 有机质)$$

式中，V_2 为减少土壤肥力损失的价值（元）；P 为化肥的销售价格（元/t）；C_i 为草地土壤氮、磷、钾元素及有机质的平均含量（%）。

5. 养分循环价值

该价值表现为不同类型的草地滞留营养物质的总价值。具体为草地年净初级生产力与各元素含量的乘积再乘以当地复合肥料的价格。公式如下：

$$V_{养分循环} = \sum NPP \times R_i \times P$$

式中，$V_{养分循环}$ 表示草地滞留营养物质的总价值（元）；NPP 表示草地年净初级生产力（t/hm²）；R_i 表示单位重量牧草的第 i 种营养元素（氮、磷、钾）含量（%）；P 表示该地区化肥的平均价格（元/t）。

6. 固氮价值

固氮功能对草地生态系统具有重要作用，固氮价值依据草地的固氮量乘以市场上氮肥的平均价格来进行计算。其中，固氮量由草地氮元素的平均含量乘以草地年净初级生产力得到。公式如下：

$$V_{固氮} = Q_氮 \times P$$

$$Q_氮 = S \times N_{营养} \times NPP$$

式中，$V_{固氮}$ 为固氮价值（元）；$Q_氮$ 为草地固氮量（t）；S 为草地面积

（hm²）；$N_{营养}$为草地氮元素含量（%）；NPP为草地生产力（t/hm²）；P为氮肥平均价格（元/t）。

7. 维持生物多样性价值

草地生态系统在生物多样性方面为人类提供了一个储存大量基因物质的基因库，是作物和牲畜的主要起源中心。根据统计年鉴及相关数据测算得到草业产值和平均每公顷产值，从而可得维持生物多样性价值。

（三）文化功能的价值

草地的间接经济价值在文化功能方面，主要表现在旅游服务业所产生的价值。采用条件价值评估法对此部分价值进行评估，通过调查数据分析得到游客的平均支付意愿，再乘以当年的旅游人次来计算草地旅游业价值，从而得到草地文化功能价值。

五、草地生态价值测算实例

（一）草地生态总价值

根据前文总结的草地生态价值测算方法，2016年锡林浩特市草地生态价值测算结果见表2。

表2 2016年锡林浩特市草地生态价值测算结果

价值类型	具体价值分类	价值（亿元）	占整体比重（%）
提供产品价值	产品价值	15.82	4.30
调节与支持价值	固碳价值	162.47	44.16
	释氧价值	71.63	19.47
	固氮价值	9.94	2.70
	涵养水源价值	30.91	8.40
	水土保持价值	44.98	12.22
	养分循环价值	10.84	2.95
	保持生物多样性价值	13.78	3.75
文化功能价值	文化功能价值	7.57	2.06
合计		367.94	100

从表2可以看出，提供产品的价值占比达到4.30%，总量达到15.82亿元，说明草地生态系统为我们提供了丰富的产品和资源。调节和支持价值所占比重达到93.64%，支持和服务价值不直接进入生产和消费过程，是最难以进行评价而又最容易被人们忽视的价值，但是为生产和消费提供了支持和保障，有了它们生产和消费就才能正常进行。文化功能的价值着重体现在旅游业方面

比重达到 2.06%，随着第三产业的发展，相信第三产业比重的日益增加更有助于锡林浩特市草地生态系统发展。

(二) 提供产品价值

1. 产草价值

锡林浩特市草地产草价值等于产草量乘以草产品价格，其中产草量等于草地产量乘以草地面积。草地平均产量和产草价格由调研数据确定，草地面积根据统计年鉴中锡林浩特市的天然优质草地面积的统计数据确定，具体计算结果见表3。

表 3　产草价值

草地面积（hm²）	平均产量 （kg/hm²）	产草量 （kg）	产草价格 （元/kg）	产草价值 （亿元）
1.38×10^6	562.5	7.76×10^8	1.0	7.76

锡林浩特市 2016 年草地面积约为 $1.38 \times 10^6 \text{hm}^2$，根据相关统计数据得到每公顷产量为 562.5kg，产草价格 1.0 元/kg，所以提供产品价值总量达到 7.76 亿元。

2. 畜产品价值

经核算，草食牲畜总饲养量在全区草地合理载畜量范围内，直接用统计年鉴中 2016 年各类畜产品出栏数量得到草地畜产品产量；2016 年食草动物售价来自调研数据，畜产品数量来自《锡林浩特市统计年鉴》，具体见表4。

表 4　畜牧产品价值

种类	畜产品产量 （万头、只、匹）	市场售价 （元/头、只、匹）	畜产品价值 （亿元）
牛	3.53	5 422.27	1.91
绵羊	89.39	349.30	3.12
山羊	4.13	563.75	0.23
马	0.84	3 045.16	0.26
其他（奶绒皮毛）			2.54
合计			8.06

产草和畜牧产品是草地最为直观的产出，其产出价值与该产品市场售价以及产量有直接关系，采用市场价格法对产草价值和畜牧产品价值进行测算。

(三) 调节及支持功能价值

1. 固碳价值

生态系统通过植物光合作用和呼吸作用来固定大气中的二氧化碳，有助于减缓温室效应。据统计，锡林浩特市草地年净生产量为 11.49t/hm²；碳税价格根据瑞典碳税 150 美元/t 均值计算（人民币美元汇率按 2016 年均汇率 6.642 3 折算）；中国造林成本 260.90 元/t 碳。最后取碳税法和造林成本法的平均值，具体结果见表 5。

表 5　固碳价值

	草地面积 （hm²）	草地固碳 系数	固碳量 （万 t）	价格 （元/t）	固碳价值 （亿元）
碳税法	1.38×10⁶	1.63	2 584.56	996.35	257.51
造林成本法	1.38×10⁶	1.63	2 584.56	260.90	67.43
平均					162.47

2. 释氧价值

根据光合作用方程式推算，每形成 1g 干物质，需要 1.2g 氧气。采用工业制氧替代法和造林成本法测算释氧价值，其中氧气价格分别用工业制氧价格 400 元/t 和中国造林成本 352.93 元/t 氧气进行计算，结果见表 6。

表 6　释氧价值

	草地面积 （hm²）	草地释氧 系数	释氧量 （万 t）	价格 （元/t）	固碳价值 （亿元）
工业制氧替代法	1.38×10⁶	1.20	1 902.74	400	76.11
造林成本法	1.38×10⁶	1.20	1 902.74	352.93	67.15
平均					71.63

3. 涵养水源价值

涵养水源是草地生态的重要功能之一，涵养水源的价值是研究区域面积与蒸散量、降水量及水价计算。水价主要根据居民用水平均价来计算；降水量和蒸散量来自实验数据，结果见表 7。

表 7　涵养水源价值

蒸散量 （mm）	降水量 （mm）	区域面积 （hm²）	水价 （元/m³）	涵养水源价值 （亿元）
250	330	1.38×10⁶	2.80	30.91

4. 水土保持价值

该价值主要包括减少泥沙淤积的价值、减少土壤肥力损失的价值。在估算过程中，首先估算草原减少的土壤侵蚀量，然后再评价肥力损失和减轻泥沙淤积灾害两个方面的价值。据统计，锡林浩特市草地每年减少的土壤侵蚀量为 $19.22×10^8$t，营养物质及有机质平均含量为 0.090 9%。在计算减轻泥沙淤积价值时，按照我国主要流域的泥沙运动规律，一般土壤侵蚀流失的泥沙有 24%淤积于水库、江河、湖泊，以我国 1m³ 库容的水库工程费用为 0.67 元进行测算，具体结果见表8。

表8   水土保持价值

价值类型	价值量（亿元）	所占比重（%）
减少土壤肥力损失价值	41.48	11.27
减轻泥沙淤积价值	3.51	0.95
合计	44.98	12.22

5. 养分循环价值

该价值表现为不同类型的草原滞留营养物质的总价值。具体为草地生产力与各元素含量的乘积再乘以当地复合肥料的价格。草地年净初级生产力为 11.49t/hm²；化肥价格来自内蒙古自治区商务厅网站；氮、磷、钾元素含量数据来自实验数据，具体见表9。

表9   养分循环价值

氮元素含量（%）	磷元素含量（%）	钾元素含量（%）	化肥价格（元/t）	养分循环价值（亿元）
2.64	0.15	0.09	2 374.17	10.84

6. 固氮价值

固氮对草原生态有着重要的作用，固氮的价值是根据草地的固氮量乘以市场上氮肥的平均价格来进行计算。草地年净初级生产力为 11.49t/hm²，化肥平均价格来自内蒙古自治区商务厅网站，具体见表10。

表10   固氮价值

草地面积（hm²）	N 元素含量（%）	化肥平均价格（元/t）	固氮价值（亿元）
$1.38×10^6$	2.64	2 374.17	9.94

7. 维持生物多样性价值

内蒙古锡林浩特市锡林郭勒草地自然保护区面积107.86万 hm²，根据统计年鉴相关数据测算，得到 2016 年锡林浩特市草业产值为 17.88 亿元，可得平均每公顷草地产值约为 1 277.14 元，进而得到维持生物多样性价值为 13.78 亿元（表 11）。

表 11　维持生物多样性价值

草业产值 （亿元）	草地面积 （hm²）	平均产值 （元/hm²）	自然保护区面积 （万 hm²）	维持生物多样性价值 （亿元）
17.88	1.38×10^6	1 277.14	107.86	13.78

（四）文化功能价值

草地生态价值在文化娱乐功能方面，主要表现为旅游业所产生的价值。锡林浩特市 2016 年共接待游客 417.14 万人次，同比增长 4.0%。根据条件价值评估法计算 2016 年锡林浩特市草地旅游业总产值为 7.57 亿元，进而得到草地文化功能价值为 7.57 亿元（表 12）。

表 12　草地文化功能价值

游客人数 （万人）	旅游收入 （亿元）	草地旅游业总产值 （亿元）	文化功能价值 （亿元）
417.14	72.9	7.57	7.57

（董永平、钱贵霞、王熙遥、王晓敏）

草地经济植物价值评估方法

我国草地资源面积辽阔，其中蕴含着丰富的经济植物资源。据统计，目前在我国不同类型的草地中，具有经济用途的植物共 8 000 余种，分属 260 余科，具有重要开发价值者不下 3 000 种。草地经济植物具有发展畜牧业、开发天然食品、提供药材和工业原料等直接经济价值，其相关的生产活动还会产生文体娱乐、旅游、服务等间接价值。对于草地经济植物资源的经济价值评估是对其进行保护和利用的前提和基础。根据对经济植物价值的评估，可准确将其多种功能结合起来，产生更大的生态效益、经济效益和社会效益。因此，开展草地经济植物价值评估十分必要。从实际出发、合理开发利用草地经济植物资源、发展各具特色的商品经济，已经成为生态文明和经济建设中不可忽视的重要课题。

一、草地经济植物的经济价值

草地植物资源是具有生产价值、可为人类经营利用的自然资源。草地经济植物即草地中各种具有经济用途的植物的总称，其经济价值包括以下内容：

(一) 产草价值

生产、加工饲草的价值，包括打贮草、人工种草、直接青贮或打捆（牧草包括青贮青饲玉米）加工草块、草颗粒、草粉等。其中，产草价值表示为饲草种植面积、饲草鲜草单产与饲草单价的乘积。

(二) 种用价值

生产的种子或无性繁殖材料产生的价值，包括用于草坪、园林、植被恢复的种子与无性繁殖材料；以及野外采种，其价值以产量乘以单价计算。

(三) 医疗保健用途价值

指采自草地上生长的红柴胡、黑柴胡、防风和黄芩、黄芪、甘草、枸杞、冬虫夏草、雪莲、秦艽、羌活等各种药材的主、副产品价值，其价值以产量乘以单价计算。

（四）食品原料价值

草地植物用于食用的价值，包括菌类、高等植物的地上或地下部分，如沙葱、黄花菜，这些实用材料的价值一般以产量乘以单价计算。

（五）工业原料价值

用于造纸、制备药剂等化工原料的价值，包括芦苇、柠条、梭梭、沙柳等，其价值以产量乘以单价计算。

（六）文化与娱乐价值

以草地为载体的文化、游乐及观光价值，包括旅游门票、住宿、骑马、餐饮等。采用条件价值评估法对此部分价值进行评估，通过调查数据分析得到游客的平均支付意愿，再用平均支付意愿乘以当年的旅游人次，即可得到草地经济植物的文化与娱乐价值。

（七）服务业价值

指进行相关生产活动时雇佣劳动力所需要的费用，其中间消耗则为消耗机械燃油所需要的费用。

二、草地经济植物经济价值的评估范围和方法

（一）草地经济植物总价值

草地经济植物总价值是以货币表现的全部草地经济植物相关产品总量和对相关生产活动进行的各种支持性服务活动的价值，其评估范围是本辖区内在一定时期内生产的相关产品的价值总和，执行日历年度。

根据草地经济植物特点，其价值采用"产品法"进行评估，即用产品产量乘以价格求出各种产品的价值，然后将各种产出价值进行加总求得草地经济植物总价值。当年生产的各种产品都要计算价值，并且每种产品都按全部产量计算，不扣除用于当年产品生产消耗部分的价值。

（二）草地经济植物增加值

草地经济植物增加值是指草地经济植物提供文体活动、观光旅游等服务业生产货物或提供服务活动而增加的价值，为总价值扣除中间消耗后的余额。

草地经济植物增加值的评估范围同总价值评估范围。用"生产法"进行评估，即草地经济植物增加值＝草地经济植物总价值－草地经济植物中间消耗；由于草地文体活动、观光旅游等服务业价值和中间消耗资料难以取得，因此草地文化与娱乐增加值主要采取增加值率的方法进行计算。

$$文化与娱乐增加值＝草原文化与娱乐总价值×60\%$$

（三）草地经济植物中间消耗

草地经济植物中间消耗是指草地经济植物生产经营过程中所消耗的货物和

服务的价值，包括物质产品消耗和非物质性服务消耗。物质产品消耗是指生产过程中所消耗的各种物质产品的价值，包括外购的和计入总产出的自给性物质产品消耗，如种子、肥料、燃料、用电量、小农具购置、原材料消耗等；支付物质生产部门的各种服务费包括修理费、生产用外雇运输费、生产用邮电费等，以及其他物质消耗；非物质性服务消耗是指支付给非物质生产部门的各种服务费，如科研费、旅馆、车船费、金融服务费、保险服务费、广告费等。其中，饲草种植的中间消耗主要是指种子、机械设备、场地投资、折旧及维护、水肥材料、人员管理及外包作业。

三、草地经济植物经济价值的评估实例

（一）锡林浩特市草地经济植物总价值与增加值

根据上面总结的草地经济植物价值评估方法，利用调研和相关统计数据可以得出 2016 年锡林浩特市草地经济植物总价值与增加值，具体结果见表 1。

表 1   2016 年锡林浩特市草地经济植物总价值与增加值统计

单位：万元

项目	总价值	中间消耗	增加值
产草	17 834.04 (25 361.86)	7 911.37 (13 309.09)	9 922.67 (12 052.7)
医疗保健用途	239.10 (223.56)	2.47 (2.37)	236.63 (221.19)
食品原料	466.85 (421.46)	4.12 (3.92)	462.73 (417.51)
文化与娱乐	75 700 (72 800)	30 300 (29 100)	45 400 (43 700)
服务业	5 454.44 (7 142)	1 554.48 (4 381.36)	3 899.96 (2761)
合计	99 694.43 (105 948.88)	39 772.44 (46 796.74)	59 921.99 (59 152.40)

注：括号内为 2015 年数据。

2016 年，锡林浩特市草地经济植物总价值为 9.97 亿元，比 2015 年的 10.59 亿减少了 5.85%；草地经济植物增加值为 5.99 亿元，比 2015 年略有上涨。目前，锡林浩特市草地工业原料用途还没有形成规模，种用价值为零，这可能与锡林浩特市所处的地理位置有关，其以天然草场利用为主。

（二）产草价值

产草价值包括人工种草价值和打草价值两部分。锡林浩特市人产草总价值为 1.78 亿元，产草增加值 0.99 亿元，较 2015 年有所下降。人工种植饲草主要有青贮玉米、草谷子、青莜麦和燕麦，总价值为 0.62 亿元，增加值为 0.3 亿元；打草总价值为 1.16 亿元，打草增加值为 0.69 亿元。其中，人工种草和打草面积为统计数据，产出和成本根据调研数据获得，产出单价为 22.5 元/亩，成本 9.2 元/亩，具体结果如表 2。

表 2　2016 年锡林浩特市产草价值

种类	牧草种植 （亩）	牧草单价 （元/kg）	种植成本 （元/亩）	总价值 （万元）	中间消耗 （万元）	增加值 （万元）
青贮玉米	32 921	0.38	585	4 005.70	1 925.88	2 079.82
草谷子	4 174	1.20	140	77.14	58.44	18.70
青莜麦	28 195	1.20	175	514.28	493.41	20.87
燕麦	44 536	1.20	150	1 581.92	668.04	913.88
小计	109 826			6 179.04 （13 717.86）	3 145.77 （6 057.09）	3 033.27 （7 660.77）

种类	面积 （万亩）	成本 （元/亩）	总价值 （万元）	中间消耗 （万元）	增加值 （万元）
打草	518 （518）	9.20 （14）	11 655 （11 644）	4 765.60 （7252）	6 889.40 （4392）
合计			17 834.04 （25 361.86）	7 911.37 （13 309.09）	9 922.67 （12 052.7）

注：括号内为 2015 年数据。

（三）医疗保健用途价值

2016 年，锡林浩特市草地经济植物价值的医疗保健用途总价值表示为产出单价与鲜重的乘积，其成本为每千克 0.3～0.5 元，中间消耗共为 2.47 万元，得到医疗保健用途总价值为 239.1 万元（表 3）。锡林浩特市医疗保健用途的草地经济植物种类有红柴胡、黑柴胡、防风和黄芩，其中贡献最大的为红柴胡，其增加值占医疗保健用途增加值比例为 60.06%，增加值最少的黑柴胡仅占 4.7%。

（四）食品原料价值

2016 年，锡林浩特市食品用途的草地经济植物种类为：蘑菇、野韭、沙葱、地皮菜、黄花菜和荨麻，其总价值表示为各食品原料产出单价与鲜重的乘

积，增加值表示为总价值与中间消耗之差。2016 年，食品原料总价值为
466.85 万元，中间消耗 0.1~0.2 元/kg，共为 4.12 万元，得到食品原料增加
值为 462.73 万元。食品原料中贡献最大的是沙葱，总价值最少的地皮菜仅为
2 400 元，占食品原料总价值的比例为 0.051%，具体见表 4。

表3　2016 年锡林浩特市医疗保健用途价值

种类	产出 (元/kg)	鲜重 (kg)	成本 (元/kg)	总价值 (万元)	中间消耗 (万元)	增加值 (万元)
红柴胡	65	22 000	0.40	143	0.88	142.12
黑柴胡	80	1 400	0.50	11.20	0.07	11.13
防风	23	23 000	0.40	52.90	0.92	51.98
黄芩	16	20 000	0.30	32	0.60	31.40
合计		66 400		239.10 (223.6)	2.47 (2.37)	236.63 (221.19)

注：括号内为 2015 年数据。

表4　2016 年锡林浩特市食品原料价值

种类	产出 (元/kg)	成本 (元/kg)	鲜重 (kg)	总价值 (万元)	中间消耗 (万元)	增加值 (万元)
蘑菇	37	0.2	2 800	10.36	0.056	10.304
野韭	10	0.2	30 400	30.40	0.608	29.792
沙葱	12	0.1	302 000	362.40	3.020	359.38
地皮菜	20	0.17	120	0.24	0.002	0.238
黄花菜	15	0.15	1 300	1.95	0.019	1.931
荨麻	15	0.1	41 000	61.50	0.41	61.09
合计			377 620	466.85 (421.46)	4.12 (3.92)	462.73 (417.51)

注：括号内为 2015 年数据。

（五）文化与娱乐价值

2016 年，锡林浩特市共接待游客 417.14 万人次，同比增长 4.0%；实现
旅游收入 72.9 亿元，同比增长 15%。通过分析，游客对锡林浩特市草地景观
休憩功能的平均支付意愿为 181.44 元，计算得到 2016 年锡林浩特市草地文化
与娱乐总价值为 7.57 亿元，进而得到草地文化与娱乐增加值为 4.79 亿元，比
2015 年增加 3.89%，见表 5。

表5 2016年锡林浩特市草地文化与娱乐价值

单位：亿元

年份	2015	2016
草地文化与娱乐总价值	7.28	7.57
草地文化与娱乐增加值	4.37	4.54

（六）草地服务业价值

锡林浩特市草地服务业总价值是指打草、放牧时雇人所需要的费用，其中间消耗则为消耗的机械燃油费用。2016年，锡林浩特市草地服务业总价值为0.55亿元，较2015年减少23.63%，服务业增加值为3 899.96万元，较2015年上涨41.25%，见表6。

表6 2016年锡林浩特市草地服务业价值

单位：万元

	总价值	中间消耗	增加值
打草	435.12 (2 826)	燃油	1 554.48 (4 381.36)
放牧	5 019.32 (4 316)		
合计	5 454.44 (7 142)	1 554.48 (4 381.36)	3 899.96 (2 761)

注：括号内为2015年数据。

打草雇人6元/亩，打草面积34.53万 hm²，约14%草场雇人打草。放牧雇人平均37 200元/户，2016年锡林浩特市农村牧区与国有牧场户数之和共7 496户，约18%的牧户雇人放牧。2016年，锡林浩特市农牧户机械燃油费用平均4 147.5元/户，其燃油消耗中约有50%为放牧和打草所用，中间消耗为燃油总成本的50%。

（钱贵霞、李梦雅、王晓敏）

草地营养评价与营养类型划分方法

一、技术概述

（一）目的与意义

广袤分布的草地，孕育着复杂多变的草地类型，其产草量和植物构成差异明显，因而其为家畜提供营养物质和能量的能力也不同。开展草地营养评价，就是对不同草地为家畜所需营养物质和能量提供能力进行评价分析，主要内容包括：草地概略养分评价、详细养分评价、可消化养分评价和能量评价等。其目的就是在初步草地产草量的生产力评价的基础上，对草地生产的营养物质和家畜可消化营养成分的多少来深入标识草地的生产能力。同时，对于草地营养水平的总体、季节动态变化的把握，也为生产实践中人工草地建植、收获、草产品加工以及天然草地改良提供指向，也能为家畜种类的配置、季节放牧、轮牧、补饲饲料配给等家畜生产的甄选提供依据，对草牧业生产具有极为重要的指导意义和实践意义。

草地营养评价是草地评价的重要内容之一，国内外最早应用于栽培牧草和人工草地的饲用评价研究中，逐步发展到天然草地的评价中。我国天然草地的营养评价也是首次全国草地资源调查中，获得大量的草地饲用植物和不同草地类型草群混合样品营养成分分析测试数据的基础上，才得以发展应用。

概略养分是牧草或草群最基础的营养数据，主要包括水分（W）、粗蛋白质（CP）、粗脂肪（EE）、粗纤维素（CF）、无氮浸出物（NFE）、粗灰分（A）等含量。常规营养成分也是最容易获得，数据积累最丰富的。因此，也更多地应用在牧草或草地的营养评价中。在此基础上，发展的可消化养分、能量评价和草地营养分级、类型划分也最系统全面，被大量地应用于生产实践中。

详细养分是在概略养分的基础上，把牧草和家畜所需有机质、纯蛋白质、氨基酸、维生素、氮磷钾等大量元素乃至铜镁钼硒锌等常、微量元素。其分析成本高和数据量大，也没有系统的综合分析，一般多应用在局部深入研究中，较少应用到生产实际中。

随着现代分析测试技术设备的普及，纯养分评价也逐步得到普及应用，如胡萝卜素等用于草地营养成分的评价和分级范畴（任继周，1998）。草地化学计量学快速发展，氮磷比数据也越来越丰富，相信不久也会应用到草地营养评价中。

本文以《中国草地资源》较为系统的以概略养分评价为基础的系列草地营养评价体系为主，简要介绍一下草地营养评价、营养分级和类型划分的主要内容与方法。

（二）关键名词与术语

概略养分：指过去利用常规、简便分析方法测试获得牧草或草群主要概略的营养成分，包括水分 MC（Moisture content）、粗蛋白质 CP（Crude Protein）、粗脂肪 EE（Ether Extrac）、粗纤维 CF（Crude Fiber）、无氮浸出物 NFE（Nitrogen Free Extract）、粗灰分 A（Ash）等。

可消化养分：营养成分被家畜消化的部分，通常包括可消化粗蛋白质、可消化粗脂肪、可消化粗纤维、可消化无氮浸出物 4 项。由营养成分乘以消化率得出，消化率通过消化实验获得，或通常用回归公式计算。相比概略养分评价，可消化养分更深入、准确标示出草地的营养价值。

能量（Energy）：单位重量的牧草或草地干物质的能量含量，包括草地或饲料。

总能（GE，Gross Engergy）：指饲料中有机物质完全氧化燃烧生成二氧化碳、水和其他氧化物时释放的全部能量，主要为碳水化合物、粗蛋白质和粗脂肪能量的总和。

消化能（DE，Digestible Energy）：即家畜消化吸收的草地牧草或草群所含能量。通常为采食的 GE 减去排出未消化粪便的粪能（FE，Energy in Feces），也可由 TDN 折算。

代谢能（ME，Metabolizable Energy）：是家畜直接用来建设自身或维持生命活动的能量形式，通常用消化能减去尿能（UE，Energy in Urine）和甲烷等可燃气体（Ed，Energy in Gaseous Products of Digestion）。也可由 TDN 折算。

净能（NE，Net Energy）：动物有机体在采食时常有身体增热现象产生。代谢能减去体增热能（HI，Heat Increment）即为净能。

C/N 营养比：概略养分中无氮有机养分（又叫碳物质，包括 NFE、CF 和 2.4 倍的 EE）与有氮有机养分（又叫氮物质，即 CP）比值，称为营养比。

草地营养分级 GGN（Grade of Grassland Nutrition）：依据不同的营养成分含量，对草地进行的量化分段分类。

草地营养类型 TGN（Types of Grassland Nutrition）：依据草地多种营养成分分级，对草地组合聚类。

二、适用范围

本技术主要适用于全国草地（牧草）的概略养分、可消化养分评价和能量评价，以及草地营养分级、营养类型划分。

三、技术流程

见图 1。

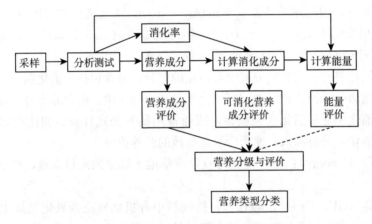

图 1　草地营养评价技术流程示意图

四、技术内容

（一）样品采集与准备

在草地主要成分优势种和常见种的花果期，依据 NY/T 2998—2016 草地资源调查技术规程的规定，单独在每个草地型布设样地、设置样方，采集样品；也可与草地监测、调查工作协同进行。

草本样地取 1m×1m 样方，齐地面分植物种或混合刈割，3 次重复样方分植物种混合或全部混合（草群样品鲜重重量＜4 000g，则增加样方面积或数量），装袋带回室内烘干、粉碎，取干重 1 000～1 500g 作为分析样品待测。

灌木样地剪取当年嫩枝条（标准株平分法，样品鲜重重量＞1 500g）＋3 个重复草本 1m×1m 样方（方法同草本样地），烘干、粉碎后，依据覆盖度占比法分别计算灌木、草本产量比，按产量比混合灌、草样品干重 1 000～1 500g，作为灌木样地分析样品待测。

（二）分析测试方法与标准

1. 概略养分测定

通常沿用德国科学家创建的 Weende 饲料分析体系的 6 种组分，水分 MC、粗蛋白质 CP、粗脂肪 EE、粗纤维 CF、无氮浸出物 NFE、粗灰分 A 等。具体测定方法采用 GB/T 6432-94 标准规定的方法测定，也可用现代仪器测定（图 2）。

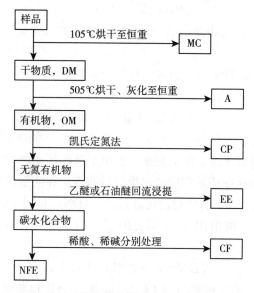

图 2　概略养分测定流程示意图

MC，烘干法测定，样品 1 000g 分 250g 的 4 份，在 （105±2）℃烘箱烘干 2～4h 至恒重，平均差值为水分重量。

A，采用标准规定的高温灼烧法，（550±5）℃，至灰白色，残渣重量极为粗灰分重量。

CP，采用标准规定的凯氏法或全自动定氮仪等测定方法，用测定 N 含量，乘以 6.25 为饲料粗蛋白质重量。

EE，同样用标准规定的乙醚索氏提取法测定，得出粗脂肪量。

CF，同样用标准规定的用稀酸（1.25% H_2SO_4）和稀碱（0.313mol/L NaOH）分别消煮 30min，再用乙醇提取可溶物，最后减掉高温灼烧粗灰分量，就是粗纤维重量。

NFE，不测定，直接计算：

$$NFE=100\%-W-A-CP-EE-CF$$

最后计算各养分含量 C_N：

$$C_N = Y_N / Y_S \times 100\%。$$

式中，Y_N、Y_S 分别为养分重量、测试样品重量。

2. 消化率测定和可消化营养成分折算

(1) 消化率。可以依据相关技术标准，采用全收粪法或指示剂法进行体内消化实验，或人工瘤胃法体外消化实验，分别获得粗蛋白质、粗脂肪、粗纤维和无氮浸出物的可消化率‰和 g/kg，计算公式如下：

$$R_N = (X_1 - X_2) / X_1$$

式中，R_N 某养分消化率，X_1 采食饲料中某养分含量，X_2 粪便中某养分含量。

可用消化率来计算某养分的可消化养分含量 C_{DN}，公式如下：

$$C_{DN} = C_N \times R_N \quad （单位\%）$$
$$= 1\ 000g \times C_N \times R_N \quad （单位\ g/kg）$$

因为粪便测定的养分包含一部分家畜本身代谢产物的能量，所以这些测定是表观消化率，要低于真实的消化率，但由于这些代谢产物的能量难以区分测定，因此，表观消化率还是常用来评价饲料的消化和能量计算。

(2) 可消化总养分。计算可消化总养分（TDN，Total Digestible Nutrients）。目前通用的 TDN 一般沿用 1910 年美国创建的 TDN 系统的方法计算，公式如下：

$$TDN = x_1 + 2.25x_2 + x_3 + x_4$$

式中，x_1 为可消化粗蛋白质 DCP，x_2 为可消化粗脂肪 DEE，x_3 为可消化粗纤维 DCF，x_4 为可消化无氮浸出物 DNFE。

3. 能量回归计算与测定

(1) 总能 GE，可采用各国普遍应用的公式和系数算出，公式如下：

$$GE = a \times X_1 + b \times X_2 + c \times X_3 + d \times X_4 \pm 9\%$$
$$= 23.85 \times X_1 + 39.34 \times X_2 + 17.58 \times X_3 + 17.58 \times X_4 \pm 0.9\%$$

式中，$X_1 \sim X_4$ 分别为 CP、EE、CF 和 NFE 含量，单位：MJ/kg。

总能及其他能量也可用弹式测热计（Bomb Calorimeter）具体测定。

(2) 消化能。可用 TDN 计算或折算，1kg $TDN = 18.4MJ$ DE。

$$DE = 0.054\ 3TDN \quad （单位：MJ/kg）$$

也可用测定采食饲料总能 GE 与排除粪便的粪能 FE 计算，公式如下：

$$DE = (GE - FE) / W$$

式中，GE、FE 单位为 MJ；W 为采食量，单位：kg。

(3) 代谢能。可用 TDN 折算，1kg $TDN = 15.1MJ$ ME

$$ME = 0.0662TDN \quad （单位：MJ/kg）$$

也可用测定采食饲料总能 GE、排出粪便的粪能 FE、排出尿的尿能 UE 与排出甲烷等可燃气体能 Ed 计算，公式如下：

$$DE=(GE-FE-UE-Ed)/W$$

同样，尿能、可燃气体能单位为 MJ。

（4）净能。NE 可用代谢能测算，在草地牛羊等反刍动物采食饲草时，运动消耗和管理水平有限，通常 HI 占 ME 的 40%～60%，可简化为：

$$NE=50\%ME。$$

也可用公式 $NE=ME-HI$，具体测定计算。

（5）C/N 营养比计算。营养比计算公式如下：

$$R_{C/N}=\frac{NFE+CF+2.4EE}{CP}$$

（三）评价与分级

1. 草地概略养分评价

《中国草地资源》依据全国首次草地调查资料，用各草地型的草群概略养分测定数据，平均得出草地型的概略养分，基于此，利用面积加权平均得出全国草地类的概略养分数据。利用该 18 草地类数据，进一步用面积加权平均法，计算获得新草地分类系统 9 草地类的概略养分数据，见表 1。

表 1 全国草地类概略养分汇总表

单位：%

草地类	CP 含量	CP 排序	EE 含量	EE 排序	CF 含量	CF 排序	NFE 含量	NFE 排序	A 含量	A 排序	Ca 含量	Ca 排序	P 含量	P 排序
全国平均	10.32		2.94		35.31		41.93		9.50		0.93		0.17	
温性草原	10.81	5	3.87	2	32.30	3	44.64	5	8.37	5	1.08	3	0.25	1
高寒草原	13.06	2	4.20	1	28.54	7	44.89	4	9.31	3	0.97	4	0.19	3
温性荒漠	11.62	4	2.74	6	26.22	8	40.77	7	18.65	1	1.53	2	0.17	4
高寒荒漠	15.66	1	2.74	6	25.89	8	43.44	6	12.27	2	2.80	1	0.17	4
暖性灌草丛	7.41	8	2.94	4	47.68	2	33.87	8	8.10	6	0.43	7	0.17	4
热性灌草丛	4.56	9	1.96	9	52.96	1	33.24	9	7.31	8	0.27	9	0.12	9
低地草甸	10.69	6	2.83	5	30.91	4	47.00	2	8.57	4	0.70	6	0.14	8
山地草甸	10.60	7	2.54	8	30.47	5	49.21	1	7.18	9	0.42	8	0.15	7
高寒草甸	12.78	3	3.53	3	29.50	6	46.12	3	8.07	7	0.80	5	0.22	2
变幅	4.56～15.66		1.96～4.20		25.89～52.96		33.24～49.21		7.18～18.65		0.27～2.80		0.12～0.25	

数据来源：中国草地资源。

（1）草地粗蛋白质评价与分级。粗蛋白质是饲料概略养分中最重要的指标，也是家畜生长、发育、繁殖及各种器官的修补都是必需的，是生命活动必需的基础养分，它是其他养分不能代替的，营养作用也最大，也是草地营养评价中的首选、必选指标。

草地粗蛋白质分级标准：

高粗蛋白质草地：CP＞13.00％；

中粗蛋白质草地：10.01％＜CP＜12.99％；

低粗蛋白质草地：CP＜10.00％。

由表1可以看出，全国粗蛋白质平均为10.32％，总体上刚刚跨进中粗蛋白质草地，变幅较大，为4.56％～15.66％。其中，高寒草原15.66％、高寒荒漠13.06％跨入高粗蛋白质草地，暖性灌草丛、热性灌草丛属于低粗蛋白质草地，其余5类草地为中粗蛋白质草地。

草地粗蛋白质含量具有较为明显的分布规律，空间上呈现由北向南、由西向东、由高向低粗蛋白质含量逐步降低的规律。生物气候规律也较为明显，温度影响规律为随着草地分布环境温度升高，草地粗蛋白质含量降低；水分影响规律为随着草地分布环境干旱程度增加，草地粗蛋白质含量也逐步增加的规律。

（2）草地粗脂肪评价与分级。《中国草地资源》中未开展草地粗脂肪含量的评价，在生产实践中，粗脂肪含量虽然一般偏低，但由于能量高，是生产力低的高寒地区抵御寒冷、补充饲草供应不足时，具有极其重要的作用。而另一方面讲，高脂肪含量的牧草也是高寒地区、高脂奶生产中引种栽培首选的最适宜品种。所以，尤其在青藏高原地区应纳入草地和牧草概略养分的评价范畴。草地粗脂肪分级标准：

高粗脂肪草地：EE＞3.00％；

中粗脂肪草地：2.01％＜EE＜2.99％；

低粗脂肪草地：CP＜2.00％。

由表1可以看出，全国草地粗脂肪含量平均为2.94％，总体上位于中粗脂肪草地顶端，非常接近高粗脂肪草地，变幅较小，为1.94％～4.20％。其中高寒草原4.20％、温性草原3.87％、高寒草甸3.53％这3个草地类位居高粗脂肪草地，热性灌草丛1.96％属于低粗脂肪草地，但也位于低粗脂肪草地的顶端，其余5类草地为中粗脂肪草地。

草地粗脂肪含量分布规律不太明显，总体上较为干旱的草原组、寒冷的高寒组草地粗脂肪含量较高，最热的热性灌草丛、最干荒漠组草地粗脂肪含量偏低。

（3）草地粗纤维评价与分级。相较其他家畜，一定含量的粗纤维是保障草地中放牧的反刍动物正常反刍行为的重要因素，同时，草食反刍动物对粗纤维的消化能力较强，粗纤维也是重要的家畜能量维持的大分子糖类来源，也是草地营养评价的重要指标之一。但随着粗纤维含量的增加，降低了家畜的适口性，也引起其他养分的含量下降，因此，在高粗纤维草地应尽量在花果期前提早放牧利用。草地粗纤维分级标准：

低粗纤维草地：CF<30.00%；

中粗纤维草地：30.01%<CF<33.99%；

高粗纤维草地：CF>34.00%。

由表1可以看出，全国草地粗纤维含量平均为35.31%，属于高粗纤维草地，变幅较大，为25.89%～52.96%。其中，热性灌草丛52.96%、暖性灌草丛47.68%高居高粗纤维草地，并拉动全国草地进入高粗纤维草地；高寒草甸29.50%、高寒草原28.54%、温性荒漠26.22%和高寒荒漠25.89%属于低粗纤维草地，其余3类草地为中粗纤维草地。

草地粗纤维含量具也有较为明显的、与粗蛋白质相反的分布规律，空间上呈现由北向南、由西向东、由高向低粗纤维含量逐步增加的规律；温度影响规律为随着草地分布环境温度升高，草地粗纤维含量增加趋势；水分影响规律为随着草地分布环境干旱程度增加，草地粗纤维含量也逐步降低的趋势。

（4）草地无氮浸出物评价与分级。无氮浸出物是较为重要的概略养分指标，是包括淀粉、可溶性单糖、双糖，水溶性维生素、一部分果胶、木质素等有机物在内的一组复杂的物质，草本饲料中无氮浸出物含量高，适口性好，消化率高，是草食家畜能量的主要来源。因此，也是草地营养评价的重要指标。

草地无氮浸出物分级标准：

高无氮浸出物草地：NFE>44.00%；

中无氮浸出物草地：37.01%<NFE<43.99%；

低无氮浸出物草地：NFE<37.00%。

由表1可以看出，全国草地无氮浸出物含量平均为41.93%，属于中等偏上无氮浸出物草地，变幅不大，为33.24%～49.21%。其中，山地草甸49.21%、低地草甸47.00%、高寒草甸46.12%、高寒草原44.89%、温性草原44.64%总计5类草地跨入高无氮浸出物草地，暖性灌草丛、热性灌草丛属于低无氮浸出物草地，其余2类草地为中无氮浸出物草地。

草地无氮浸出物含量分布规律也较为明显，空间上呈现由北向南、由西向东、由高向低无氮浸出物含量逐步降低的规律；温度影响规律为随着草地分布环境温度升高，草地无氮浸出含量明显降低；水分影响规律不明显。

（5）草地粗灰分评价与分级。粗灰分是家畜矿物质主要来源，特别是放牧家畜补盐的主要途径之一，但过高也是制约饲料质量的一个指标，粗灰分过高饲料品质比较差，适口性降低。而且粗灰分代谢比较复杂，营养作用需进一步研究。

草地粗灰分分级标准：

高粗灰分草地：A＞12.00％；

中粗灰分草地：8.01％＜A＜11.99％；

低粗灰分草地：A＜7.99％。

由表1可以看出，全国草地粗灰分含量平均为9.50％，位于中粗灰分草地，变幅也较大，为7.18％～18.65％。其中，温性荒漠18.65％、高寒荒漠12.27％属于高粗灰分草地，热性灌草丛7.31％、山地草甸7.18％属于低粗灰分草地，其余5类草地为中粗灰分草地。

草地粗灰分含量空间上也有一定的分布规律，呈现由北向南、由西向东粗灰分含量逐步降低的规律；水分影响规律为随着草地分布环境干旱程度增加，草地粗灰分含量也逐步增加的明显规律；海拔影响、温度影响规律不明显。

其中，钙、磷含量与粗灰分含量基本趋势一致，不再做分级、评价。

2. 草地营养成分消化率及可消化总养分评价

同概略养分一样，利用《中国草地资源》18草地类数据，进一步用面积加权平均法，计算获得新草地分类系统9草地类的可消化养分数据见表2。

表2 全国草地类营养成分消化率及可消化总养分汇总表

单位：%

草地类	TDN		DCP		DCF		DNFE		DEE	
	消化率	排序	消化率	排序	消化率	排序	消化率	排序	消化率	排序
全国平均	59.67		79.07		61.56		67.99		62.62	
温性草原	61.89	5	81.62	5	57.71	7	67.58	7	71.88	2
高寒草原	65.40	2	58.52	8	62.53	3	71.41	4	97.71	1
温性荒漠	71.98	1	85.48	3	70.61	2	89.95	1	49.70	7
高寒荒漠	63.46	3	77.59	7	60.11	4	83.10	2	62.09	4
暖性灌草丛	34.56	8	93.54	1	31.84	9	32.53	8	27.59	8
热性灌草丛	29.28	9	88.41	2	35.05	8	29.22	9	7.49	9
低地草甸	62.72	4	79.18	6	60.05	5	69.70	5	55.75	5
山地草甸	61.87	6	76.99	8	59.54	6	68.09	6	52.23	6
高寒草甸	61.77	7	81.79	4	79.60	1	74.84	3	70.20	3
变幅	29.28～71.98		58.52～93.54		31.84～79.60		29.22～89.95		7.49～97.71	

数据来源：《中国草地资源》。

由表2可以看出，总体上，全国草地养分可消化率中等偏上，变幅除EE

高低差异达 12 多倍，其他均在 2 倍多一点。

全国草地可消化养分总量 TDN 的消化率平均 59.67%，属于中等偏上水平，但大多草地类均在 60% 以上，且 TDN＞60% 的草地可利用面积占全国草地可利用面积的 77.90%，只是由于灌草丛类组的草地 TDN 过低，拉低了全国草地的 TDN，但面积占比 20% 多，说明我国草地养分总消化率比较高。其分布规律为随着气温升高、干旱程度降低，TDN 逐步降低。

全国草地粗蛋白质消化率 DCP 平均在 79.07%，总体属于较高水平；DCP＞85% 高可消化粗蛋白质草地的为灌草丛类组的暖性灌草丛、热性灌草丛两类草地，DCP 在 75%～85% 的中可消化粗蛋白质草地为主，有 6 类草地，DCP＜75% 的低可消化粗蛋白质只有高寒草原类草地。其分布规律大体上与 TDN 分布负相关，随气温升高、水分减少而减小。

由于篇幅所限，其他可消化养分见表 2，不再详细赘述。

3. 草地能量评价

同样，利用《中国草地资源》18 草地类数据，进一步用面积加权平均法，计算获得新草地分类系统 9 草地类的能量数据，其中，净能 NE 用前边所述代谢能折算，具体数据见表 3。

表 3　全国草地类营养总量及能量汇总表

单位：MJ/kg DM

草地类	GE		DE		ME		含量	
	含量	排序	含量	排序	含量	排序	NE	排序
全国平均	17.235 9		11.121 6		9.122 0		4.561 0	
温性草原	17.430 1	4	11.441 8	4	9.383 6	5	4.691 8	5
高寒草原	17.673 3	2	12.380 9	2	10.154 1	2	5.077 0	2
温性荒漠	15.625 1	9	13.943 2	1	11.435 5	1	5.717 8	1
高寒荒漠	16.999 9	8	11.893 8	7	9.754 6	7	4.877 4	3
暖性灌草丛	17.257 3	6	6.593 5	8	5.407 6	8	2.703 7	8
热性灌草丛	17.012 0	7	4.860 0	9	3.986 2	9	1.993 1	9
低地草甸	17.360 6	5	11.571 9	3	9.490 7	4	4.745 4	4
山地草甸	17.533 1	3	11.397 4	5	9.362 7	6	4.681 3	6
高寒草甸	17.728 9	1	11.397 4	6	9.347 6	6	4.673 8	6
变幅	15.63～17.73		4.86～13.94		3.99～11.44		1.99～5.72	

数据来源：《中国草地资源》。

从表 3 中得出，全国草地总能 GE 的含量平均 17.24MJ/kg，属于高 GE 草地。其中，GE＞17.00MJ/kg 的高 GE 草地有 7 类，7 类中除热性灌草丛

17.01 MJ/kg，其他 6 类均高于黑麦草（17.07MJ/kg）人工草地；其中高寒草甸接近紫花苜蓿（17.82MJ/kg）人工草地的 GE；其余两类 GE>15.00MJ/kg，属于中 GE 草地。其分布规律为受水分影响更大，随着干旱程度增加草地 GE 降低，受气温影响其次，随气温升高而 GE 大致降低，空间上大致由东向西、由南向北、由高向低草地 GE 逐步降低。

全国草地消化能 DE 的含量平均 11.12MJ/kg，属于高 DE 草地。其中，DE>10.63MJ/kg（紫花苜蓿人工草地 DE）的高 ME 草地有 7 类；其余两类为热性灌草丛和暖性灌草丛类草地较低，分别为 4.86 MJ/kg、6.59MJ/kg，属于低 DE 草地。其分布规律不明显，南方灌草丛类组 DE 较低外，其余分布比较复杂。

全国草地代谢能 ME 的含量平均 9.12MJ/kg，属于高 ME 草地。其中，ME>8.70MJ/kg（紫花苜蓿人工草地 ME）的高 ME 草地有 7 类，均>9.25MJ/kg（黑麦草人工草地 ME）；其余两类为暖性灌草丛和热性灌草丛类草地，较低在 3.99MJ/kg、5.41MJ/kg，属于低 ME 草地。其分布规律与 DE 基本一致，南方灌草丛类组 ME 较低外，其余分布比较复杂。

全国草地净能的含量和分布特征基本与 ME 一致，不再描述。

4. 草地营养类型划分

草地营养类型划分标准引自《中国草地资源》，见表 4。

表 4　全国草地营养类型划分标准表

$R_{C/N}$ ＼ A	<10		10~20		>20	
	TGN	Sign	TGN	Sign	TGN	Sign
<3.75	氮型	N	氮—灰分型	N-A	氮—灰分型	A-N
3.76~7.25	氮碳型	NC	氮碳—灰分型	NC-A	氮碳—灰分型	A-NC
7.26~14.25	碳氮型	CN	碳氮—灰分型	CN-A	碳氮—灰分型	A-CN
>14.26	碳型	C	碳—灰分型	C-A	碳—灰分型	A-C

数据来源：《中国草地资源》。

同样，利用《中国草地资源》18 草地类数据，进一步用面积加权平均法，计算获得新草地分类系统 9 草地类的营养比 $R_{C/N}$ 数据，其中，营养总量含量按前边公式根据折算，应用划分标准，9 类全国草地属于草地营养类型见表 5。

从表 5 中得出，全国 9 类草地共聚类有 4 类草地营养类型，包括氮碳型 NC、碳氮型 CN、碳型 C 和氮碳—灰分型 NC-A；全国草地总体上属于 CN 型。草地型的 TGN 更为丰富。

表5 全国草地营养比及营养类型汇总表

草地类	A（%）	$R_{C/N}$	TGN
全国平均	9.50	8.17	CN
温性草原	8.37	8.04	CN
高寒草原	9.31	6.45	NC
温性荒漠	18.65	6.36	NC - A
高寒荒漠	12.27	4.85	NC - A
暖性灌草丛	8.10	12.21	CN
热性灌草丛	7.31	21.64	C
低地草甸	8.57	7.92	CN
山地草甸	7.18	8.09	CN
高寒草甸	8.07	6.58	NC

数据来源：《中国草地资源》。

草地 TGN 第一位的是 CN 型草地营养类，根据《中国草地资源》结合草地型的 TGN 分析，CN 型草地营养类可利用面积居首位，占全国草地可利用面积的 30% 多。适宜发展肉用畜产品。

草地 TGN 第二位的是 NC 型草地营养类，根据《中国草地资源》结合草地型的 TGN 分析，主要集中分布于面积较大的高寒草甸和高寒草原类草地，NC 型草地营养类可利用面积占全国草地可利用面积的近 30%。适宜发展细毛用畜产品。

草地 TGN 第三位的是 NC - A 型草地营养类，根据《中国草地资源》结合草地型的 TGN 分析，主要集中分布于强干旱的温性荒漠和高寒荒漠类草地，NC - A 型草地营养类可利用面积占全国草地可利用面积的近 20%。适宜发展毛肉兼用畜产品。

草地 TGN 第四位的是 C 型草地营养类，根据《中国草地资源》结合草地型的 TGN 分析，主要集中分布于强干旱的温性荒漠和高寒荒漠类草地，C 型草地营养类可利用面积占全国草地可利用面积的近 10%。适宜发展肉牛生产。

此外，从空间分布格局上看，可分东西两个大区，由东向西粗灰分逐步增加；两大区内又有各自的分布规律。东部以 CN 型为主，其内从南向北 C - CN - NC 的分布变化，营养比逐步增加；西部以 NC - A 型为主，从南向北以 CN - NC - A 的分布变化，同样营养比有逐步增多趋势，但更有粗灰分逐步增多的特点。

五、注意事项

草地营养评价样品采集，要注意：①主要优势植物大多处于花果期；②采集量鲜重应在 4～5kg 以上，保证干重大于 1.5kg；③要用透气的布袋，用其他样品袋，则要及时晾晒，避免霉变，也要注意避免干燥过程中易脱落的叶子的收集。

一般水分不作为草地的营养评价。同时，粗灰分作为无机物参与家畜代谢过程复杂，一般也不作为可消化养分、能量评价指标。

纯养分、可消化养分、能量等评价尽管比概略养分更逐步深入，但一方面受温度等环境因素、家畜品种等影响较大，另一方面测定实验复杂，需要仪器设备昂贵、成本较高，可量力而行。

表 2 为《中国草地资源》给出的各类草地养分消化率，可参考使用；实际上，反刍动物在放牧运动、粗放管理条件下，通常粗蛋白、粗脂肪、粗纤维和无氮浸出物的消化率一般在 57%、53%、51%、63% 左右，也可参考使用；各地区可根据历史资料汇总和实验实测数据，准确提出各地区的草地养分实际消化率，以便在草地评价中更好地应用。

（吴新宏、董永平、尹晓飞）

典型草原主要饲草资源

典型草原是指在温带气候条件下形成的地带性草原类型，在世界上主要分布区欧亚草原和北美草原区。我国典型草原是亚欧大草原的亚洲区域的一部分，也称斯太普（steppe）草原。

该区域气候干燥，属于温带半干旱和半湿润气候，年均温度－3～9℃，≥10℃的积温为1 600～3 200℃，月均温－7～29℃。年均降水量为150～500mm，降水主要集中在夏季，年内降水变率大。温带草原区的土壤类型主要以黑钙土、栗钙土和棕钙土为主，主要成土过程为腐殖质积累过程和钙化过程，因此土壤剖面的不同层次出现钙积层，局部有盐渍化过程。

典型草原区饲草资源主要源自于天然草地，草地植被以旱生多年生丛生禾本科植物为主，主要有针茅属（*Stipa*），羊茅属（*Festuca*），冰草属（*Agropyron*），雀麦属（*Bromus*），披碱草属（*Elymus*），赖草属（*Leymus*）和菊科、藜科等，亦分布有大面积的灌木和半灌木。主要分布在我国的内蒙古、新疆、黄土高原西南部和东北西部等地区。由于该区域主要由高平原、山脉、丘陵和盆地等多种复杂的地形组成，这种复杂的地形孕育发展了丰富的植物资源。其中很多是具有较高饲用价值，还有很多濒危的温带草原特有植物种类。

我国典型草原普遍地势平坦，有一定降水，是人类最早开垦种植的地区之一。由此，该区域饲草结构丰富，是我国主要的草牧业生产基地。但是，随着我国典型草原区地方经济的高速发展和人口的增加，以及草原区的滥垦、滥牧、滥伐等人类活动，加上农业系统的不合理，制约了区域经济发展和草地资源的可持续利用。因此，摸清典型草地资源的结构，对合理调整农业结构，推动草牧业和牧区区域经济的可持续发展意义重大，更重要的是可提高我国典型草原区域的整体生态环境水平。

本文采用文献资料查阅汇总及实际调查相结合方法，对我国典型草原区典型区域内蒙古、新疆及黄土高原西南部等天然草地饲草结构和资源概况现状进行分析，为合理规划和利用典型草原区草牧业发展提供基础依据。

一、内蒙古草原区饲用植物概况

（一）内蒙古种子植物资源

内蒙古草原区是我国典型草原主要分布区域，该区域地处我国北部边疆，呈狭长弧形，全区总面积 $1.2×10^6 hm^2$。以蒙古高原为主体，山地、平原、高原呈带状分布格局；包括半湿润、半干旱、干旱和极端干旱区，年降水量 $50\sim450mm$，年均气温 $0\sim8℃$，年日照时数大于 2 700h，蒸发量大于 1 200mm，地带性植被以典型草原和荒漠为主。区域内植物种类丰富，分布广，具以下特征：

（1）草原植物物种丰富度高。相关资料表明，内蒙古草原区共有种子植物 1 519 种，占全国草原区种子植物的 42.2%，分属于 94 科、541 属；其中，裸子植物 3 科、7 属、16 种，被子植物 91 科、534 属、1 503 种，被子植物中有双子叶植物 75 科、413 属、1 137 种，单子叶植物 16 科、121 属、366 种。其中，种类最多的是菊科，占草原区植物总数的 16%，共计 70 属、244 种，；其次是禾本科 62 属、192 种，豆科 25 属、123 种，其他有 6 科含 $31\sim50$ 种，有 17 科含 $11\sim30$ 种。以上 25 个科合计含 407 属，占总属数的 73.7%；含 1 401 种，占总种数的 92.9%。其余有 35 个科，含 $3\sim5$ 种；有 18 个科只含 1 种。在内蒙古草原区所有属中，苔草属（*Carex*）、蒿属（*Artemisia*）和黄芪属（*Astagalus*）3 属各含 40 种以上植物，共计 168 种植物，是内蒙古草原区植物区系中的大属；含 $20\sim28$ 种的属有 6 个，$10\sim17$ 种的属有 16 个，其余 516 属都是少于 10 种的属。

（2）建群种以针茅属植物为主，伴生有蒿属等。针茅属植物种类丰富多样，全世界有针茅属植物约 300 种，中国有 27 种。其中，16 种为草原群落建群种。内蒙古典型草原建群种主要有大针茅（*S. grandis*）、戈壁针茅（*S. tianschanica* var. *gobica*）、短花针茅（*S. breviflora*）、贝加尔针茅（*S. baicalensis*）、沙生针茅（*S. glareosa*）等，伴生的常常有冷蒿（*A. frigida*）、羊草（*Leymus chinensis*）、隐子草（*Cleistogenes Keng*）、冰草（*Agropyron cristatum.*）等。由于针茅属植物广泛分布于世界各大草原区，并常作为建群种出现。内蒙古典型草原区东西跨度大，针茅属植物种类随着降水和经纬度不同而形成有规律的替代分布特征。

（3）草原灌木锦鸡儿种类繁多。豆科锦鸡儿属（*Caragana*）植物是亚洲中部草原最富典型性的一类夏绿灌木。全世界有锦鸡儿属植物 80 余种，中国境内分布 56 种。其中，有 16 种集中在温带草原及其周边山地，并形成一个由中生小乔木到旱生、强旱生、寒旱生的小灌木，垫状灌木的完整生态组合系列。

（4）无特有科，特有属，但有一定数量特有种。内蒙古草原区没有特有科和特有属，但有一定数量的特有种。植物种的特有性与高原内部生境分异有着一定的联系。可划分为：①草原特有种，例如：白头葱（*Allium leucocepallum*）、蒙古葱（*A. mongolicum*）、绢毛山莓草（*Sibbaldia sericea*）、丝石竹（*Gypsophila desertorum*）等；②沙地特有种，例如：山竹岩黄芪（*Hedysarum fruticosum*）；③山地特有种，例如长梗扁桃（*Amygdalus pedunculata*）等。

（二）饲用植物资源

饲用植物以阿鲁科尔沁草原和呼伦贝尔草原鄂温克族自治旗草地资源数据为基础。调查结果表明，阿鲁科尔沁草原野生植物资源共有 89 种 3 变种，隶属 31 科 75 属。其中，草本植物占绝对优势，共计 81 种 2 个变种，占该地区饲用植物总种数的 90.2%；中生植物共有 40 种 1 变种，占该地区饲用植物总种数的 44.6%。从饲用价值上看，优等 8 种 1 变种，所占比例为 9.8%；良等 24 种，所占比例为 26.1%；中等 21 种 2 变种，所占比例 25.0%；低等 32 种，所占比例为 33.7%；劣等 4 种，所占比例为 4.3%；中等以上饲用植物占该保护区野生饲用植物总种数的 60.9%。可以得出，阿鲁科尔沁草原的野生饲用植物价值较高（敖古干牧其尔等，2017）。呼伦贝尔草原鄂温克族自治旗草地资源调查表明，该地区共有野生植物有 722 种，包括 8 亚种、55 变种、5 变型，分属于 76 科 310 属。其中，饲用植物有 641 种，占 88.78%；药用植物有 348 种，占 48.20%；有毒植物 94 种，占 13.02%（阿里穆斯等，2017）。

二、新疆草原

（一）概况

新疆土地面积占全国的六分之一，地处欧亚大陆中心温带、暖温带地区，资源丰富、环境各异、物种多样，即使在自然条件十分严酷恶劣的干旱荒漠生态环境中，仍有多种独特的珍稀荒漠动、植物物种分布。

新疆是我国重要牧区之一，天然草地面积辽阔，居全国第三位。现有天然草地总面积 $57.3 \times 10^6 hm^2$，可利用面积 $48.0 \times 10^6 hm^2$，占全国可利用草原面积的 14.5%，占全疆土地总面积的 34.4%，新疆典型草原面积为 $16.6 \times 10^4 hm^2$，占新疆草地总面积的 29.0%（李新华和高宁，2012）。典型草原在新疆的山地分布极广，是新疆各山地主要草地类型。在南疆分布于中亚高山带，在北疆成带状分布于各山地中低山带。草地植被是由多年生旱生草本植物组成，丛生禾草是其主要成分。优势种首先是羊茅（*F. ovina*）、沟羊茅（*F. valesiaca*）、针茅（*S. capillata*）、西北针茅（*S. sareptana*）、昆仑针茅（*S. roborowsky*）、冰草（*A. cristatum*）等。其次是蒿类半灌木，主要有冷蒿（*A. frigida*）、伊利绢蒿（*Seriphidium transiliense*）、木地肤（*Kochia prostrata* L. *Schrad*）、新疆亚菊（*Ajania fastigiata*）等。最后是，中旱生灌木蒿属及锦鸡儿属植物等（郭静谧等，2008）。该类草地的生产力受雨水的影响年际变化较大。

新疆野生植物有 132 科、856 属、3 569 种。其中，有重要经济和药用价值的有罗布麻（*Apocynum venetum*）、阿魏（*Ferula fukanensis*）、贝母（*Fritillaria* ssp.）、枸杞（*Lycium barbarum*）、甘草（*Glycyrrhiza uralensis*）等 1 000 多种，稀有种约 100 种。随着人口数量的增长，人们对经济利益的追求，使得野生植物资源遭到前所未有的破坏。塔里木盆地原有天然胡杨林近 $0.5 \times 10^6 hm^2$，到 1978 年就已经减少 56% 以上，只剩下 $0.2 \times 10^6 hm^2$。古尔班通古特沙漠南缘 50km 以内已经没有原始梭梭林，艾比湖周围除甘家湖一带还保存有一定面积外，其他地区已经很少见了。原分布区有 $(3.7 \sim 4.0) \times 10^6 hm^2$ 的柽柳林现今也有大半被砍掉。伊犁地区野果林在 1959 年资源时总面积约为 $93 \times 10^6 hm^2$，目前也仅有 70%～80%，且分布下限的海拔高度上升了 50～100m。具有药用价值的野生植物尤其是名贵的中药材，其破坏程度较上述有过之而无不及。近年来，由于人们的过度采伐，许多药材物种资源遭到了极大的破坏，加上药材收购价格大幅上涨。特别是从 20 世纪 80 年代初开始的甘草采挖大战所采取的"地毯式"的挖掘方法，严重破坏了沙漠草原地区这些具有良好防风固沙的植物，草原沙化，生态环境恶化（袁祯燕，2008）。

（二）饲用植物资源

新疆有优良牧草种质资源在全国享有盛名，是我国北方草地饲用植物最丰富的地区之一。羊茅、苇状羊茅（*F. arundinacea*）、无芒雀麦（*B. inermis*）、鸭茅（*Dactylis glomerata*）、草地早熟禾（*Poa pratensis*）、紫花苜蓿（*Medicago sativa*）、黄花苜蓿（*M. falcata*）、红花车轴草（*Trifolium pratense*）等优良牧草在新疆几乎都有野生种。新疆主要的饲用植物禾本科约为 140 种，莎草科约有 20 种，藜科约有 45 种，十字花科约有 20 种，豆科约有 40 种，菊科约有 50 种，这 6 科植物构成新疆草原植物资源主要部分。据有关资料，新疆野生植物种 1 408 种，中草药原植物 2 014 种，药用植物 1 934 味，饲用植物 388 种，而巴尔鲁克山野生植物共有 988 种，隶属于 71 科 386 属；野生药用植物 292 种，隶属 56 科，171 属，占整个新疆野生药用植物的 20.7%；饲用植物 212 种，隶属于 30 科，170 属，其中主要的牧草植物有 165 种，占整个新疆主要牧草的 42.5%。因此，新疆蕴藏着巨大的野生植物资源和优质牧草资源（段小兵等，2011）。

三、黄土高原西南部草原

（一）概况

黄土高原西南部主要包括陕西、山西、甘肃和宁夏等省区部分区域的典型草原、草甸草原和荒漠草原（张殷波等，2012；傅志军，2008）。该区域气候年均温 4～12℃，年降水量 400～600mm，地形包括山地、丘陵、沟壑等，草原植物分布范围经度跨越范围大，植物种类复杂。从东南向西北随降水递减而形成典型草甸草原、典型草原和荒漠化草原，原植物主要以丛生的针茅属的长芒草（S. bungeana）、短花针茅菊科蒿类植物为主组成不同类型。具体特征如下：

典型草原类其建群植物为中旱生、典型旱生或广旱生植物多年生草本植物，混生有中生和旱生植物，有时混生旱生灌木或小半灌木群落。较为湿润的半湿润、半干旱区温性草甸草原植被区主要植物种类有：禾本科的隐子草（Cleistogenes sp.）、长芒草、大针茅、赖草（L. secalinus）、冰草（A. cristatum）、羊茅、白羊草（Bothriochloa ischaemum）、鹅观草（Roegneria kamoji）、早熟禾（P. annua）、落芒草（Oryzopsis acuta）、三刺芒（Aristida triseta）等及菊科的蒿类如冷蒿，茵陈蒿（A. capillaries）、铁杆蒿（A. gmelinii）、茭蒿（A. giraldii）和紫苑（Aster tataricus）及其他科植物如百里香（Thymus mongolicus）、委陵菜（Potentilla chinensis）等。

干旱区的典型草原植被区主要草原植物种类有：禾本科的长芒草、克氏针茅（S. krylovii）、扁穗冰草（A. cristatum）、丛生隐子草（Cl. caespitosa）、糙隐子草（Cl. squarrosa）、冷蒿、百里香、固沙草（Orinus thoroldii）等，菊科的蒿类，豆科的达乌里胡枝子（Lespedeza davurica）等。

更为干旱的温性荒漠草原植被区由短花针茅和无芒隐子草（Cl. songorica）为指示种，建群种主要有戈壁针茅、沙生针茅、蓍状亚菊（A. achilloides）等，主要伴生种有珍珠（Salsola passerina）、合头草（Sympegma regelii）、骆驼蓬（Peganum harmala）、盐爪爪（Kalidium foliatum）、红砂（Reaumuria songarica）、狗娃花（Heteropappus hispidus）、银灰旋花（Convolvulus ammannii）、画眉草（Eragrostis pilosa）、甘草等。

（二）饲用植物资源

黄土高原温西南部种子植物种类丰富，饲用和药用植物资源较多，珍稀特有植物种类相对较少，但其药用植物种，珍稀植物种类较多。据张文辉等

（2002）黄土高原种子植物区系特征记载，该区域共有种子植物 147 科 864 属 3 224 种。其中，被子植物 140 科 851 属 3 183 种，具有中国特有属 32 个，黄土高原特有属 4 个，特有种 164 个。该区域植物资源特征为：种类相对丰富，植物区系起源古老，地理成分复杂，以温带成分占优势，与周边地区植物种类联系广泛，是多种成分交汇和过渡地带，特有程度相对内蒙古和新疆等草原区植物相对较低，珍稀物种丰富（陈学林和田方，2007）。

据报道，陕西境内主要饲用植物有：长芒草、大针茅、赖草、冰草、羊茅、白羊草、糙隐子草、狗娃花、紫苑、百里香、委陵菜（*P. chinensis*）、落芒草、三刺芒、甘草、达乌里胡枝子、黄芪（*A. membranaceus*）、枸杞、茵陈蒿、铁杆蒿、茭蒿、蓍状亚菊等。药用植物有：甘草、黄芪、百里香、知母（*Anemarrhena asphodeloides*）、丹参（*Salvia miltiorrhiza*）、柴胡（*Bupleurum chinense*）、黄芩（*Scutellaria baicalensis*）、地黄（*Rehmannia glutinosa*）等。

而与陕西地形和气候类似的山西，其草原植物种类与陕西存在很大相似性。据记载，山西草原区共有维管植物 96 科 348 属 664 种，分别占山西植物种类的 27.9%、39.0% 和 56.8%，其草原植物主要以禾本科、菊科、蔷薇科和豆科植物为优势科，共含 236 种。该区域的单种科和少种科约占总科数的 65.6%。与陕西毗邻的宁夏、甘肃草原区，其植物种类组成虽与陕西相近，但因部分草原区地处降水较少，有一定的荒漠化成分，故其草原植物成分又有所差异。该区域主要饲用植物种类有：戈壁针茅、沙生针茅、长芒草、赖草、冰草、糙隐子草、固沙草、蒿类，豆科的黄芪，以及有珍珠、合头草、骆驼蓬、盐爪爪、红砂、锦鸡儿等。总体而言，该区野生饲用植物种类分布丰富，但与内蒙古和新疆相比，该区域野生植物种类中，特有科属种相对较少。

（侯扶江、常生华、于应文）

新疆草原牧鸡治蝗技术

一、技术概述

新疆特殊的地理和生态环境，形成了多样化的草原类型，这为蝗虫的生长提供了十分有利的条件。新疆广泛分布着 150 余种蝗虫，尤其在天山北麓、准噶尔界山、阿勒泰山等区域草原蝗虫种类多、数量大、分布广、危害严重。主要危害种类有，亚洲飞蝗、意大利蝗、西伯利亚蝗、小翅曲背蝗、朱腿伽蝗、戟纹蝗、宽须蚁蝗等 10 余种。为了控制蝗虫灾害，每年需要喷洒大量化学农药，化学农药不仅对草原环境产生污染，而且在杀灭害虫的同时，也对害虫天敌等有益生物构成伤害，破坏了草地生态平衡，因此，在草原蝗害区推广生物防治技术就显得十分必要。

牧鸡治蝗是将农牧民传统的庭院养禽生产和防治草原蝗害相结合，是家禽饲养学、害虫防治学与经营管理学诸学科的交叉综合。具体做法是：在蝗虫防治季节，有计划有组织地将培育调训好的鸡群运至蝗害区，引导鸡群捕食蝗虫，有效降低草场蝗虫密度，达到防治蝗害、保护草原、促进畜牧业生产发展的目的，是一种科学的草原蝗虫生物防治方法。

二、技术特点

牧鸡治蝗适宜安排在海拔不太高，地势较平缓，地形开阔，无高灌丛，交通方便，离水源不远的地段。防治区域虫口密度一般在为 $8\sim25$ 头 $/\mathrm{m}^2$。

牧鸡治蝗是指在草原蝗虫发生期，有计划地将防疫和调训好的 $60\sim70$ 日龄的育成鸡运送到草原蝗害区，以采食蝗虫为主，适当补饲玉米、麸皮等原粮及多维，不喂配合饲料，不添加激素、添加剂等，既能有效降低草场虫口密度，控制草原蝗害的发生，又可避免因使用化学农药治蝗造成草场环境污染，还能达到为社会提供肉、蛋等绿色生态畜产品，增加农牧民收入，实现生态、经济、社会效益协调发展。

三、技术流程

见图 1。

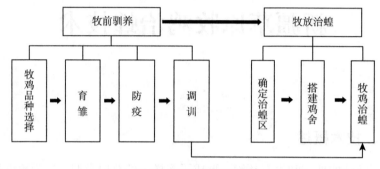

图 1   牧鸡治蝗流程图

四、技术内容

牧鸡治蝗分 4 个阶段：育雏、防疫、调训和野外牧放治蝗。

（一）育雏

治蝗鸡应选择体型较小，灵活，健壮，善于奔跑、抗逆性强，生长发育较快、适于野外放牧的鸡种。如芦花鸡、青脚麻鸡、野迷离原鸡，以及本地的杂交鸡等，建议首选当地品种。而肉用型鸡育雏时间短，体型大而笨拙，不宜用于草原牧放治蝗。育雏工作一般在在 4 月上旬开始，牧鸡治蝗对育雏的要求，包括育雏前的育雏室清扫、彻底全面消毒、开食和饮水、育雏温度、光照等，严格按照工厂化养鸡育雏标准执行。育雏期间，要采取保暖措施，同时要饲喂全价配合饲料，以促进雏鸡生长发育，后期要逐步在室外放养，以适应自然气候变化，增强雏鸡体质。

（二）防疫

防疫是牧鸡治蝗的重要措施。雏鸡出壳后 10～14 天应进行鸡新城疫Ⅱ系苗滴鼻或接种，同时还应接种鸡痘苗，3 个月后的育成鸡应注射新城疫Ⅱ系苗，平时还应进行肠胃消毒，在饮水中加入万分之五的高锰酸钾配成的消毒水。育雏及牧放时，发现病鸡要及时淘汰处理。

（三）调训

调训应从雏鸡出壳后两周开始。根据鸡群对条件反射的本能，每次饲喂、饮水都要以固定哨声给以信号，并以哨声引导，定时移动饲料槽、饮水器，使其形成条件反射，平时应给以信号粮，达到巩固信号反应的效果。因鸡接触土壤、水、料易污染，应勤给水，料应少喂勤添，饮水器、饲料槽移动距离可逐渐加大，由室内向室外，扩大雏鸡活动范围，使鸡群逐步适应室外生活环境，听从信号指挥；坚持放养定人，喂料定时定点的日常管理。大概调训 15 天左右，雏鸡平均体重在 500g 左右，鸡群可闻讯即来、听讯即归，这时即可将雏鸡运送至蝗虫发生地进行治蝗。

（四）野外牧放治蝗

1. 防治区及防治期的确定

根据历年蝗虫灾害发生情况及上一年秋季、当年早春虫情调查情况，一般将预计虫口密度达到防治指标以上而小于 2 倍防治指标的草地确定为治蝗区，且在蝗虫孵化盛期至 3 龄期之前开始牧鸡治蝗，在新疆平原区 6 月初开始牧放效果最佳，高海拔山区要根据蝗虫实际孵化期确定最佳防治时期。一般常用的防治指标为：意大利蝗虫、朱腿痂蝗、黑条小车蝗等虫口密度为 8～15 头/m²；西伯利亚蝗、戟纹蝗等虫口密度为 10～25 头/m²；宽须蚁蝗、牧草蝗等蝗虫口密度为 15～25 头/m²；亚洲飞蝗不建议使用牧鸡治蝗技术。

2. 搭建鸡舍

牧鸡棚舍搭建应为移动式，要按草地走向，选择地势高、背风向阳，昼夜温度变化相对不大的平地中间，搭建坐北朝南鸡舍，四周设排水沟，鸡舍要做到既防风、防雨、保温防暑，又不积水。同时，选场时，也要考虑通风、换气、供水等的需要，还必须做好防止恶劣天气和天敌的准备。最后要放置好饮水盆和喂饲槽。

3. 牧鸡放养数量的确定

牧鸡治蝗的组织管理方式主要为集中饲养和分户饲养两种常用方式。

（1）集中饲养。在一些面积较大、地势平坦，具有保温防风条件较好的移动鸡舍，适合于集中饲养的蝗虫发生区，可专门组织人员放牧养殖，以每群 2 000～2 500 羽为宜。搬家一次可防治周边 2km 左右范围内的草原蝗虫。

（2）牧民分户饲养。在一部分地形较为复杂，海拔较高，基础设施条件较差的高海拔蝗害区，充分利用蝗虫发生期与草原夏季放牧期一致的情况，在有牧民聚居的区域，采取牧户分户饲养方式，以每户饲养牧蝗鸡 50～100 羽，以达到控制住牧民居住点周边蝗虫的目的。同时，通过养殖鸡鸭，可增加牧民收入。

4. 牧放管理

鸡群牧放的防治路线，一般先防海拔低、蝗虫孵化早的区域，后防海拔高、蝗蝻孵化晚的区域，逐步向上推移。

开始每日早晨出牧时，要在饲料中混入适当的沙石，工作人员要吹哨。同时，在地面撒下少量混入沙石的饲料，引导鸡群远离鸡舍向草场四周散开，晨喂以牧鸡能主动扑食蝗虫停止。雨天或炎热的中午，最好不出牧，这样既避免了天气太热，又延长了放牧时间。在放牧期间，还要注意：无论上、下午，出牧前都不补喂饲料，只给饮水，使鸡处于饥饿状态下，提高扑食蝗虫量，同时也便于信号引导。因出牧时间较长，天气又热，要配备足够的乘凉和避风雨设备，有条件可以搭建栖架、网床，以防鸡群炎热中暑、雨淋或寒冷相互拥挤和减少球虫病发生死亡。要保证牧鸡的正常饮水，并且做到每晚鸡群回舍后有充足的饮水。活动鸡舍要设置在草地中间，可使鸡群的覆盖面积达到最佳，减少转场次数，也可使出牧鸡群与鸡舍的距离缩短到最小，便于放牧人员对大风、暴雨、冰雹、炎热、鹰抓等意外事故对鸡群袭击的及时处理。放牧转场时间应根据灭蝗效果而定，当虫口密度下降到 1~3 头/m² 时即可转场（一般 3~4 天即可转场 1 次）；每日下午收牧时要补喂饲料，每只鸡每天平均 50~70g（视虫口密度而定），鸡群在大量采食蝗虫后，蛋白质水平已经超过其营养需要，但能量和矿物质却不能满足其机体需要。因此，补喂饲料不能用全价饲料，应该突出对能量和矿物质的补充。一般补饲日粮为：玉米 82.5%、葵花油渣 15%、骨粉 2%、食盐 0.4%、0.1%矿物质添加剂，另 100kg 饲料加 250g 多种维生素，维生素现吃现拌；牧鸡人员要有较强的责任心，不得有丝毫的疏忽和懈怠。

（五）防治效果及效益分析

1. 防治效果

通过对新疆哈密地区白石头蝗害区牧鸡治蝗前后蝗虫种群数量变化情况的监测，随着牧放时间延长，草原蝗虫种群数量呈现逐渐降低趋势，控制效果逐渐增加，30 天后，防效都达 90%以上。但是，距离鸡舍的远近不同，蝗虫种群的变化趋势存在差异；随着距离的增加，蝗虫种群数量随时间延长而减少的趋势逐渐变缓。综合考虑防治效果和防治面积因素，1 个放牧单元（1 600 只牧鸡）治蝗的最优控制半径为 1.5km，合理轮牧天数为 15 天，蝗虫的防治效果能达到 85%以上。

2. 效益分析

受到天气、转场、牧鸡状态等因素的影响，牧鸡实际防治时间约占防治期的 70%，每只鸡在按期转场放牧条件下一个防治期（60 天）实际可防治 0.5hm²。如果采用药剂防治，成本按 30 元/hm² 计算，每只牧鸡在 1 个放牧防治期可节约防治费用 15 元。鸡的饲养管理成本为 20 元/只（其中：鸡苗 5 元/羽，雏及补充饲料成本约 10 元，其他管理成本约 5 元）。综合各地情况，每羽鸡出栏按平均 40 元计算，增收可达 20 元。增收节支合计可达 35 元。同时，按每公顷草地减少鲜牧草损失 450kg，鲜草 0.3 元/kg 计算，1 只鸡可减少牧草损失 558kg，减灾损失约 167.4 元。综合以上，每只鸡增收节支减灾的综合效益可达 202.4 元，投入产出比达 10.1∶1。由此可见，合理牧鸡治蝗技术的推广和利用，能够取得良好的经济效益。

将鸡群牧放到草地，不仅消灭了蝗虫，减轻了牧草损失，保护了草场植被。同时，鸡的粪便排入了草地后增加了草地有机肥力，提高了饲草产量。更重要的是减少了化学农药使用量，减轻了环境污染，保护了草原环境及人畜安全，维护了生态平衡。

开展牧鸡治蝗，在牧区带动了养禽业的发展，可以做到治蝗养鸡两不误，有蝗治蝗、无蝗养鸡，既保护了草场，又向社会提供了大量的优质、无污染、绿色食品，还增加了牧民的经济收入，解决了农牧区人们的就业问题，有利于农牧民脱贫致富。

五、注意事项

（1）牧鸡治蝗只适用于中、低密度蝗虫发生区，防治时间较长，见效慢。对暴发性蝗虫、高密度蝗区，牧鸡治蝗控制能力有限，仍然要采用药物防治的方法控制蝗虫。

（2）鸡群牧放时，要注意驱赶天空鹰雕，防止其捕猎鸡群；夜晚，鸡群要注意防止狐狸、黄鼬的偷袭和相互挤压，以免造成损失。

（3）鸡群要做好防疫工作，防止疫病传染蔓延而造成损失。发现病鸡，要及时隔离，请兽医人员及时诊断治疗。

（4）在某一防治区牧放治蝗结束、经检查达到防治效果后，要及时转场，避免长时间在同一地点牧放破坏草原植被。

（5）要根据市场消费能力，确定适宜规模，避免造成供大于求的局面，影响牧民治蝗的积极性。

（吴建国、林峻）

河北坝上蝗虫种类及
生物药剂防治技术

一、技术概述

(一) 河北蝗虫发生概况

蝗虫发生危害究其范围而言是世界性问题,全世界除南极外,各大洲均有发生,常年发生面积达 4 680 万 km²,全球约 1/8 的人口受到袭扰。1986—1989 年,沙漠蝗 Schistocerca gregaria 和塞内加尔小车蝗 Walers senegalensis 在非洲连续大发生,投入防治经费达 2.75 亿美元,人们将这次蝗灾发生比喻成"生物炸弹"。

我国已知的蝗虫 1 000 多种,引起灾害性损失的有 60 多种,有史料记载的蝗灾 800 多次,蝗虫防治在整个害虫综合管理体系中占举足轻重的地位。河北省的蝗虫种类很多,除东亚飞蝗外,追溯历史尚有多种蝗虫造成局部甚至大范围的危害。在农业生产上,造成灾害的蝗虫主要是东亚飞蝗。蝗灾与水灾、旱灾已成为严重影响农业生产和人民生活的三大自然灾害之一,河北省是蝗虫发生灾害多的主要省份之一。历史记载资料见表1。

表1 河北蝗灾历史统计

朝代	有蝗灾记载的公元纪年	蝗灾次数	本朝代有蝗灾记载的府、州、县次数
唐前	前 158—614	43	32(占比 74%)
唐朝(含五代十国)	628—943	19	15(占比 78.9%)
宋朝(含辽金)	960—1217	53	35(占比 66%)
元朝	1260—1359	60	62(占比 103%)
明朝	1369—1644	131	124(占比 95%)
清朝	1646—1911	149	132(占比 88.6%)
民国	1912—1949.4	31	109(县、市)(占比 351.6%)
合计		486	

河北省历代蝗患之烈,在有关史籍和本省各地方志中记载颇多。如,东晋

太元七年（公元382年）"五月幽州蝗生；广袤千里"；唐代开成四年（公元839年）"八月，镇、冀四州蝗食稼，至于野草树叶皆尽"；宋代大中祥符九年（公元1016年）"河北路蝗蝻继生，弥覆郊野，食民田殆尽，入公私庐舍"；明万历二十八年（公元1600年）"武强旱，蝗蝻食禾殆尽。积尸满野，或弃子女……鬻妻自缢"；清光绪十年（公元1884年）"景县飞蝗蔽天，落地处春草无存"；1943年"黄骅县的蝗虫吃光芦苇和庄家，又像洪水一样冲进村庄，连窗户纸都吃光，甚至婴儿的耳朵也咬破"。历代官府对治蝗较为重视，劳动人民创造了许多治蝗方法并积累了许多经验，如"一掘卵，二捕蝻，三治蝗"，捕蝻的方法上有手捕、布围、网捞、围捕、开沟坑埋等。新中国成立后，河北省的治蝗工作经历了3个阶段：

（1）人工捕打为主的阶段（1949—1952年）。此时正处于经济恢复时期，工业基础差，农药和药械供应困难，治蝗活动主要靠人工捕打。当时吸取了古代灭蝗经验，推广使用了挖封锁沟、挖沟领杀、挖迎头沟截杀、用鞋底捕打以及烧杀、挖耕蝗卵等方法扑灭蝗虫。

（2）药剂防治为主的阶段（1953—1958年）。此阶段，全省药剂治蝗的面积已达80%以上，其中飞机治蝗的面积占20%以上，毒饵治蝗也有了很大发展。1953年，全省采用农药六六六、麦麸毒饵治蝗面积就占一半以上。

（3）改治并举的阶段（1959年以后）。此阶段的最大成效为：一是宜蝗区面积大大压缩；二是发生东亚飞蝗的范围减小，防治面积显著减少；三是有效地控制了东亚飞蝗的起飞和危害。新中国成立以来，在河北省辖区没有发生过蝗群起飞和远迁危害。

（二）蝗虫基本特性

蝗虫一般属于兼性滞育昆虫，卵多在土壤中的卵囊内越冬，1年发生1～4代，属不完全变态。

成虫与蝗蝻的食性相同，均为植食性，且成虫期营养补充强烈，约占一生总食量的75%以上，成虫与蝗蝻都是夜伏昼出，蝗蝻具有群居性，无趋光性或无明显的趋光性。温度是影响蝗虫生长发育和存活率的重要因素，卵在−30℃、干燥土壤中能够存活。东亚飞蝗蝗区的冲积土壤或细沙土适宜蝗虫产卵，沉积性黏土、富有腐殖质的湖积土、含水量低于5%或高于25%、含盐量低于0.2%或高于2%、植被覆盖率超过70%的土壤均不适宜蝗虫产卵和发育。

蝗虫天敌种类丰富，捕食性天敌主要有鸟禽、狐狸、黄鼬、蛙、蟾蜍、蛇、蜥蜴、蜘蛛、步甲、虎甲、螳螂、虻、蚂蚁等类群。其中，鸟禽类的捕食量大；寄生性天敌主要有，飞蝗黑卵蜂、线纹折麻蝇（拟麻蝇）、杀蝗菌属和小杀蝗菌属、飞蝗微孢子、亚蝗微粒子虫等病原微生物。

（三）草原蝗虫分区

我国草原蝗区划分为：蒙古高原南部及周边地区、新疆和青藏高原 3 个草原蝗虫发生区，共包含 33 个亚区。蒙古高原南部及周边地区草原蝗虫发生区涉及内蒙古、黑龙江、吉林、辽宁三省西北部，河北、山西、陕西、宁夏四省区北部以及甘肃北部边缘地区，共可划分为 16 个亚区。河北省处于第 9 亚区（M-9），包括了河北的尚义县北部、张北县、康保县、沽源县、丰宁县、围场县（图1）。

图1　河北坝上蝗虫发生区示意图

二、技术内容

（一）河北坝上蝗虫种类及分布

河北省共有蝗虫 5 科（斑腿蝗科、锥头蝗科、癞蝗科、网翅蝗科、斑翅蝗科）40 属 74 种 1 亚种，河北省坝上地区有，蝗虫 7 科（锥头蝗科、癞蝗亚科、斑腿蝗科、网翅蝗科、斑翅蝗科、槌角蝗科、剑角蝗蝗科）27 属 53 种，见表2。

表2　河北省蝗虫种类及分布

科	属	种	分布地区
锥头蝗科 Pyrgomorphinae	1 负蝗属 *Atractomorpha* Saussure	（1）短额负蝗 *Atractomorpha* saussure Bolivar	张北、丰宁
癞蝗科 Pamphagidae	2 笨蝗属 *Haplotropis* (Saussure，1888)	（2）笨蝗 *Haplotropisbrunmeriana* (Saussure，1888)	围场

（续）

科	属	种	分布地区
斑腿蝗科 Catantopidae	3 稻蝗属 Oxya（Serville，1831）	（3）无齿稻蝗 Oxyaadentata （Willemse，1925）	围场
	4 幽蝗属 Ognevia（Ikonnikov，1911）	（4）长翅幽蝗 Ognevialongipennis （Shiraki，1910）	丰宁、张北
	5 星翅蝗属 Calliptamus （Serville，1831）	（5）短星翅蝗 Calliptamusabbreviatus （Ikonnikov，1913）	张北、围场
	6 黑蝗属 Melanoplus（Stål，1873）	（6）北极黑蝗 Melanoplusfrigidus （Boheman，1846）	张北
网翅蝗科 Arcypteridae	7 网翅蝗属 Arcyptera（Serville，1839）	（7）隆额网翅蝗 Arcypteracoreana （Shiraki，1930）	丰宁
	8 曲背蝗属 Pararcyptera （Tarbinsky，1930）	（8）宽翅曲背蝗 Pararcypteramicroptera- meridionalis （Ikonnikov，1911）	张北、丰宁、 围场
	9 牧草蝗属 Omocestus （Bolivar，1878—1879）	（9）红胫牧草蝗 Omocestusventralis （Zetterstedt，1821）	张北、沽源、丰 宁、围场
		（10）红腹牧草蝗 Omocestushaemorrhoidalis （Charpentier，1825）	张北、围场
	10 异爪蝗属 Euchorthippus （Tarbinsky，1925）	（11）素色异爪蝗 Euchorthippusunicolor （Ikonnikov，1913）	张北、沽源、 丰宁
		（12）条纹异爪蝗 Euchorthippusvittatus （Zheng，1980）	张北、沽源、 丰宁
		（13）邱氏异爪蝗 Euchorthippuscheui （Hsia，1965）	丰宁
		（14）黑漆异爪蝗 Euchorthippusfusigenicula- tus（Jin et Zhang，1983）	丰宁

（续）

科	属	种	分布地区
	11 雏蝗属 *Chorthippus* (Fieber，1852)	（15）中华雏蝗 *Chorthippuschinensis* (Tarbinsky，1927)	丰宁、围场
		（16）华北雏蝗 *Chorthippusbrunneushua-* *beiensis* (Xia et Jin，1982)	张北、围场
		（17）东方雏蝗 *Chorthippusintermedius* (Bei-Bienko，1926)	张北、丰宁、 围场
		（18）北方雏蝗 *Chorthippushammarstroemi* (Miram，1906)	张北、沽源、丰 宁、围场
		（19）小翅雏蝗 *Chorthippusfallax* (Zubovsky，1899)	张北、丰宁、 围场
		（20）白边雏蝗 *Chorthippusalbomarginatus* (De Geer，1773)	丰宁、张北
		（21）黑翅雏蝗 *Chorthippusaethalinus* (Zubovsky，1899)	丰宁、围场
		（22）锥尾雏蝗 *Chorthippusconicaudatus* (Xia et Jin，1982)	丰宁、张北
		（23）狭翅雏蝗 *Chorthippusdubius* (Zubovsky，1898)	张北、丰宁、 围场
		（24）夏氏雏蝗 *Chorthippushsiai* (Cheng et Tu，1964)	张北、沽源、丰 宁、康宝
		（25）呼城雏蝗 *Chorthippushuchengensis* (Xia et Jin，1982)	丰宁
		（26）白纹雏蝗 *Chorthippusalbonemus* (Cheng et Tu，1964)	丰宁、张北

（续）

科	属	种	分布地区
		（27）青藏雏蝗 *Chorthippusqingzangensis* （Yin，1984）	张北、围场
		（28）异色雏蝗 *Chorthippusbiguttulus* （Linnaeus，1758）	张北
		（29）陇东雏蝗 *Chorthippuslongdongensis* （Zheng，1984）	围场塞罕坝
		（30）中宽雏蝗 *Chorthippusapricarius* （Linnaeus，1758）	张北
	12 跃度蝗属 *Podismopsis* （Zubovsky，1899）	（31）乌苏里跃度蝗 *Podismopsisussuriensis* （Ikonnikov，1911）	围场
斑翅蝗科 Oedipodidae	13 尖翅蝗属 *Epacromius*（Uvarov，1942）	（32）大垫尖翅蝗 *Epacromiuscoerulipes* （Ivanov，1887）	张北、沽源、丰宁、围场
		（33）小垫尖翅蝗 *Gryllustergestinus* （Charpentier，1825）	张北中部
		（34）甘蒙尖翅蝗 *Epacromiustergestinusexti-mus*（Bei‐Bienko，1951）	张北、丰宁、围场
	14 飞蝗属 *Locusta*（Linnaeus，1758）	（35）亚洲飞蝗 *Locustamigratoriamigratoria* （Linnaeus，1758）	张北、康宝
	15 小车蝗属 *Oedaleus*（Fieber，1853）	（36）黄胫小车蝗 *Oedaleusinfernalisinfernalis* （Saussure，1884）	张北
		（37）亚洲小车蝗 *Oedaleusasiaticus* （Bei‐Bienko，1941）	张北、围场
	16 赤翅蝗属 *Celes*（Saussure，1884）	（38）大赤翅蝗 *Celesskalozuboviakitanus* （Shiraki，1910）	张北、沽源、丰宁、围场

（续）

科	属	种	分布地区
槌角蝗科 Gomphoceridae	17 痂蝗属 *Bryodema* (Fieber，1853)	（39）白边痂蝗 *Bryodemaluctuosumluctuo-sum* (Stoll，1813)	张北
	18 异痂蝗属 *Bryodemella* (Yin，1982)	（40）黄胫异痂蝗 *Bryodemellaholdererihol-dereri* (Krauss，1901)	张北、康宝
		（41）轮纹异痂蝗 *Bryodemellatuberculatumdi-lutum* (Stoll，1813)	张北、围场
	19 皱膝蝗属 *Angaracris* (Bei - Bienko，1930)	（42）红翅皱膝蝗 *Angaracrisrhodopa* (Fischer - Walheim，1846)	张北、围场
		（43）鼓翅皱膝蝗 *Angaracrisbarabensis* (Pallas，1773)	张北、围场
	20 沼泽蝗属 *Mecostethus* (Fieber，1852)	（44）沼泽蝗 *Mecostethusgrossus* (Linnaeus，1758)	张北、围场
	21 束颈蝗属 *Sphingonotus* (Fieber，1852)	（45）蒙古束颈蝗 *Sphingonotusmongolicus* (Saussure，1888)	张北、丰宁、围场
	22 蚁蝗属 Mymeleotettix (Bolivar，1914)	（46）宽须蚁蝗 *Mymeleotettixpalpalis* (Zubovsky，1900)	张北、沽源、围场
		（47）长翅蚁蝗 *Mymeleotettixlongipennis* (Zhang，1984)	张北
	23 大足蝗属 *Gomphocerus* (Thunberg，1848)	（48）李氏大足蝗 *Gomphoceruslicenti* (Chang，1939)	张北、围场
	24 棒角蝗属 *Dasyhippus* (Uvarov，1930)	（49）北京棒角蝗 *Dasyhippuspeipingensis* (Chang，1939)	张北、丰宁
		（50）毛足棒角蝗 *Dasyhippsbarbipes* (Fischer - Waldheim，1846)	围场、张北

（续）

科	属	种	分布地区
剑角蝗科 Acrididae	25 鸣蝗属 *Mongolotettix* (Rehn，1928)	（51）条纹鸣蝗 *Mongolotettixjaponicusvitta-tus* (Uvarov，1914)	丰宁、围场、张北、沽源
	26 剑角蝗属 *Acrida* (Linnaeus，1758)	（52）中华剑角蝗 *Acrida cinerea* (Thunberg，1815)	张北、丰宁、康保
	27 金属蝗属 *Chrysacris* (Zheng，1983)	（53）*Chrysacris* sp.	张北
合计 7 科	27 属	53 种	

（二）蝗虫生物药剂防治技术

1. 蝗虫生物防治现状

20 世纪中后期人们主要使用化学农药进行蝗虫防治，但带来了严重生态环境问题。1990 年，国际生物防治所（IIBC）提出研究生物杀虫剂防治草原蝗虫的项目计划，筛选出一种致病力较强的绿僵菌油剂产品作为控制飞蝗和草原蝗虫的生物农药；1995 年，国际灾蝗会议上正式提出以生物防治技术为主，多种措施配套的蝗虫防治策略。由此，生物杀虫剂的研究已取得空前发展，主要集中在微孢子虫、蝗虫多角体病毒、绿僵菌、苏云金杆菌、蝗虫痘病毒等。

2. 草原蝗虫生物杀虫剂及防治技术

（1）蝗虫微孢子虫。微孢子虫是单细胞原核生物，是专一寄生于蝗虫的一种寄生性天敌。微孢子虫制剂是对草原蝗虫具有针对性的新型制剂，主要通过破坏蝗虫的能量供应器官脂肪体等，消耗蝗虫体内能量，导致蝗虫死亡。微孢子虫具有专一性强、不污染环境、不杀伤天敌、对人畜安全、不产生其他生物的二次中毒等特点，还具有对草原主要优势种蝗虫有极强的针对性的特点。

0.4 亿孢子/mL 蝗虫微孢子虫悬浮剂，亩用药量不低于 $(5\sim7)\times10^8$ 孢子量，蝗蝻 2～3 龄期间施药，使用前 12 小时配制，选择早晨或傍晚湿度相对大时喷施，均匀喷雾，配制药剂中加入 0.3％食糖有较好的杀虫效果，虫口减退率达 77％以上。由于其速效性差，不宜于在蝗虫大面积暴发时使用。

（2）0.5％虫菊·苦参碱可溶液剂。该制剂为植物源农药，对蝗虫等具有触杀、胃毒作用，速效性与高效氯氰菊酯无明显差异，对哺乳动物低毒，在环境中能迅速分解。蝗蝻 2～3 龄期防治，亩用药量 45mL，稀释倍数 1 000～1 200 倍，持效期 7～14 天，虫口减退率为 95％以上。

（杨志敏、张焕强、李新江、李景柱、刘建成、王运涛、李广有）

飞机防治草原蝗虫技术

一、技术概述

草原蝗虫发生面积大，具有爆发性。飞机防治作业效率高，是重要的应急防控措施。Y-5飞机防治草原蝗虫在内蒙古东部得到了广泛应用。为了提高草原蝗虫防治效率和防治效果，进一步规范了Y-5飞机防治草原蝗虫作业设计、MapSource软件使用、作业准备、飞行作业、作业质量测定、防治效果检查等关键技术，并根据实际应用加以完善。

二、技术特点

飞机防治草原蝗虫具有的优点为：用时短、效率高、效果好、控制面积大。本技术适用于海拔不高、地势较平坦的草原区及丘陵草原区蝗虫的防治，蝗虫危害面积一般2万hm^2以上。

三、技术流程

见图1。

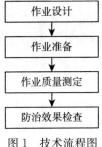

图1 技术流程图

四、技术内容

(一) 机场

以就近建设临时机场为原则，也可选择航区附近的民用或农用机场。临时机场应选在航区内或航区外地势平坦处，跑道在 250m 以内纵坡不大于 1.5%，横坡不大于 2%；主跑道长度 500m，两端安全道各延长 50m，在海拔高度 500m 以上地区，海拔高度每增加 100m，跑道延长 15m；主跑道宽 20m，两侧安全道各延长 10m，主跑道中段外侧 50m 处设风向标；机场净空度应符合 CCAR-91-R2 规定标准。

（二）药剂

选择已经登记、获得许可、符合产品质量标准的生物制剂；选择符合 GB 4285 农药安全使用标准的药剂品种；选择对草原、天敌及其他非靶标动物和生态环境安全的药剂品种；选用可直接喷洒的粉剂、液剂或兑制成液体的剂型。

（三）作业期及作业区域

蝗虫幼虫 3 龄期为最佳作业期，3 龄期至成虫期为作业期。在草原蝗虫虫害发生区划定的防治区，要根据作业区实际情况绘制《飞行作业图》，绘图标准应符合 GB/T 14268—2008 规定，图中要标明作业区位置、面积、计划航向，同时标明村庄、河流、湖泡、湿地、高压线、通讯塔等特殊标注物位置。

（四）技术设计

1. 作业区设计

作业区的长度设计，尽量与飞机每架次喷药飞行距离（106.72km）相匹配，即区间航线长度的偶数之和与 106.72km 相匹配，要减少空中调头的空飞次数，一般每架次航线含区间航线数为：4 条、6 条、8 条。

2. 区间航线及航线表编制

利用 MapSource 软件编制作业区区间航线，长度为每架次航线总长的 1/4、1/6、1/8…宽度为 50m，即 A1、A2、A3…B1、B2、B3…同时，编制航线表，将距离机场近的区间航线端点设为 A 端，将距离机场远的区间航线端点设为 B 端，航线表中每条区间航线连接点的顺序及航向必须一致，航线编完后必须再次检查航线表中每条区间航线的连接点和航向，做到正确无误。

3. 导航数据传输

机载导航仪（GPS）必须与 MapSource 软件数据兼容，每天导入机载导航仪标准长度（106.72km）的航线数为 8 条，航线长度小于 70km 的航线数为 12 条，7 个连续日历日内飞行时航线数不多于 35 条，飞行时间应符合 CCAR-91-R2 规定，避免疲劳作业发生危险。

4. 作业方式

采用每架次多次往返，带宽一致，无空带，平行飞行的方式作业，飞行作业高度 5～7m，喷幅 50m。

（五）作业计划

防治组织实施单位应事先编制实施方案，内容包括：①作业区基本情况：作业区位置、地形地貌、气象资料、交通状况、牧户数、作业区内牲畜载畜量、行政归属等；②作业设计：作业区面积、蝗虫种类及危害程度（调查方法应符合 NY/T 1578 规定）、使用农药种类及数量、航线编制、航空公司、喷洒作业技术参数、作业时间、进度安排、飞行作业管控及防治效果检查等。

（六）作业准备

1. 协调

进驻作业区前，由指挥部、航空公司人员与当地政府、相关牧民进行有关事宜协商，确定临时机场建设位置，作业禁牧区域，禁牧期限，并提前 10 天公示公告。

2. 指挥部和生活区

指挥部、生活区应设在距离拌药区、机场跑道 100m 以外的"上风头"区域，生活区内应设置指挥部、专用车辆、设备停放区；宿营车、移动厨房、移动餐厅、生活用水车、发电机、照明、临时厕所等设施。

3. 临时机场建设

按照机场建设标准修建，主跑道四角插右上红、左下白双色旗，主跑道边界插白旗，间距 50m，共计 20 只，旗高 0.6m；建成的临时机场应平整压实，符合飞机起降标准；机场跑道端点左侧外 30m 处顺跑道方向由左向右平行设置拌药区、停机坪，飞机停放方向头部面向跑道，拌药区内的拌药箱与停机坪距离 30m。

（七）调机

临时机场建成后，由承担作业的航空公司向空管部门申请调机进场。

（八）拌药设备准备

拌药箱（内侧设有计量标尺）规格：长 100cm、宽 100cm、高 120cm；拌药箱防尘罩防雨布制成规格：长 150cm、宽 150cm；水罐车牵引式或自走式，容量 5t；拌药叉车装载量 1t 以上；加药泵，扬程 7m，出水量 4t/h；加药管，长 30m、直径 6cm、耐酸碱；加药管减压溢流装置，由直径 6cm 管道、三通减压阀、溢流桶组成；过滤器由直径 6cm 逆止阀、200 目尼龙纱布组成；药桶吊装链、开桶器以及符合 GB 12475 规定的防护用品等。

（九）药剂配制

药液应按 NY/T 1276 的规定，由专业人员根据药剂使用说明书要求进行配制，配药及加药人员 4 人；配制好的药液应使用 2 层 200 目尼龙纱布过滤后装机。

（十）飞行作业

1. 气象条件

48h 内无降雨，风速小于 6m/s，适宜喷洒温度 10～30℃，相对湿度 30％～90％，能见度符合 CCAR－91－R2 规定标准。

2. 喷量调试

运五飞机喷药作业时在下翼共安装 6 个喷头，其中左右各安装 3 个，按照喷头测试参数首先进行地面调试，喷量 1 500ml/hm²。

调试方案一：左翼档号 3、1、3，右翼档号 1、1、3，喷量 19.9kg/min。

调试方案二：左翼档号 3、1、1，右翼档号 3、1、3，喷量 19.9kg/min。

地面调试后，按以下二种方法，加药升空验证。

方法一：加药 200kg，速度 160km/h，10min 喷完，喷量调试正确；喷洒时间小于 10min，喷量过大，喷洒时间大于 10min，喷量过小，根据用时记录，返场落地后再次调试，直到符合《民航通用航空作业质量技术标准（试行）》的规定。

方法二：加药 150kg，速度 160km/h，投药面积 100hm²，飞行 20km 喷完，喷量调试正确；喷洒距离小于 20km，喷量过大，喷洒距离大于 20km，喷量过小，根据里程记录，返场落地后再次调试，直到符合《民航通用航空作业质量技术标准》的规定。

3. 装药及飞行导航

按照作业设计装药，每架次装药量 800kg。使用机载导航设备，按照导入航线顺序飞行导航，飞行偏移距离符合《民航通用航空作业质量技术标准》的规定。

4. 作业

按照 CCAR－91－R2、《民航通用航空作业质量技术标准》规定和作业设计要求进行作业，地面工作人员同时记录每次农药装载量、飞行架次、飞行时间；停止作业后，导出机载导航设备中飞行航迹记录，用以管控飞行作业质量。

（十一）作业质量测定

1. 航迹偏离差测定方法

利用计算机和 MapSource 软件测量航线与作业航迹偏移距离，侧风 1～2m/s 时，航迹偏离差应小于（±8)％，侧风 2～4m/s 时，航迹偏离差应小于±12％，侧风 4～6m/s 时，航迹偏离差应小于±20％。

2. 飞行高度差测定方法

将机载导航仪中的航迹导入手持 GPS 中，沿航迹下地面获取"检测航迹"，将飞行航迹和"检测航迹"同时导入计算机 MapSource 软件中，两条航迹相近节点处海拔高度差即为飞行高度差；飞行作业高度应符合《民航通用航空作业质量技术标准》的规定，作业高度差应小于规定值的 40%。

3. 雾滴大小测定方法

沿航线垂直方向由中间向两边各设 10 个采样点，样点距离 2m，每个样点放置 6cm×6cm 方形镜子，共计 20 个，喷药 10min 后，将方形镜子收起并列放入盒中（禁止重叠摆放），用带有测量标尺的解剖镜进行镜下测量，雾滴大小以体积中值为准；一般超低量喷雾雾滴直径大小应为 50～100μm。

（十二）雾滴覆盖密度测定方法

采用带有测量标尺的解剖镜，对每个样片上的雾滴进行测量统计，计算每平方厘米面积上的雾滴平均密度值；一般超低量喷雾雾滴密度为 5～15 个/cm²。

（十三）有效喷幅宽度测定方法

沿航线垂直方向由中间向两边各设 50 个采样点，样点距离 1m，每个样点放置 6cm×6cm 方形镜子，共计 100 个，喷药 10min 后，用带有测量标尺的解剖镜由外向内对样片进行镜下检测，符合雾滴直径大小为 50～100μm，雾滴密度为 5～15 个/cm² 标准的两侧样片之间的横向距离，即为有效喷幅宽度。

（十四）防治效果检查

防治区内投药后的剩余蝗虫活体虫口密度，虫口减退率，调查方法应符合 NY/T 1578 规定。投药后 24h、48h 和 72h 各检查一次。

五、注意事项

承担作业的航空公司及机组人员，应具备 CCAR-290 和 CCAR-91R2 规定资质，飞行作业应符合《民航通用航空作业质量技术标准》规定要求，作业期间非机组人员不经机长允许不得乘坐飞机。作业机场应做好安全警戒工作，禁止外来人员及牲畜进入，场地内设备、农药、航油等物资设备应由专人看管。

拌药、装药工作人员应经过专业技术培训后上岗，并按照 GB 12475 和 NY/T 1276 的规定做好安全防护工作。每天作业结束后，应及时做好飞机、机械设备的养护工作；要及时清理溢流桶中的农药，清洗过滤器，盖好拌药桶，清点登记剩余药品。

（王伟共）

高原鼠兔生物防控技术

一、技术概述

高原鼠兔（*Ochotona curzoniae* Hodgson）是青藏高原的主要害鼠之一，分布面积广，危害重，年均危害面积占全国草原鼠害面积的1/6以上。一是啃食牧草，高原鼠兔日食鲜草77.3g，是其体重的50%左右，主要采食禾本科、莎草科、豆科等牧草，降低饲草产量和载畜能力；二是在草地上挖掘洞道，破坏生草层，形成秃斑，加剧草地退化、沙化和水土流失，逐渐形成次生裸地，生态损失巨大；三是传播疾病，危害人畜健康，高原鼠兔是泡型包虫病的中间宿主。

生物防治（Biological control），即生物学灭鼠，利用有害生物的天敌和动植物产品或代谢物对有害生物进行调节、控制的一种技术方法。原理上就是利用生物之间相互依存、相互制约的关系，调节有害生物种群密度和数量。包括狭义和广义生物防治。狭义的生物防治仅指直接利用天敌进行控制，广义的生物防治还包括利用生物机体或其天然产物来控制有害生物。生物防治主要方法：天敌防治、生物农药防治、抗性防治、不育防治。生物防治是高原鼠兔防治的主要技术，已占到当年防治总面积的85%～90%以上。

二、技术特点

采用生物技术防治草原鼠害，减少了化学农药对环境的污染和二次中毒现象，对草地生物量的提高、土壤有机质含量的增加、草地生态环境的改善有着重要作用。生物防治技术优点是对人畜安全，避免了对环境的污染，是一种安全、高效、经济的防治措施，是控制草原生物灾害、保护生态环境、保证人类发展的趋势，是当今鼠害防治技术的发展方向。

本技术主要适用于青藏高原等高寒草地以地面活动为主的鼠害防治。

三、技术流程

见图1。

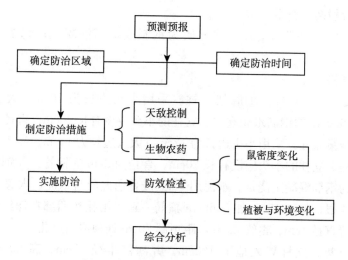

图 1　高原鼠兔生物防治技术流程图

四、技术内容

以川西北草原为例，目前采用的生物防治技术主要有，天敌保护利用（招鹰控鼠、引狐治鼠）、生物农药（肉毒素杀鼠剂、不育剂、肠道梗阻剂）等。

（一）招鹰控鼠

自然界有许多捕食鼠类的动物，如鼬科、猫科和犬科中的许多肉食兽以及鸟类中的猛禽（隼形目、鸮形目）都是鼠类的天敌。鼠和天敌在长期的进化过程中形成了相互依存的关系。据调查，平均鹰和鼠的比例为 1∶5 000。猛禽的食物中鼠类的遇见率高达 75%，它们之间相互依存、相互制约，其数量的变动是与鼠类的数量有着密切关系。在正常年份，天敌对鼠的数量有一定控制作用；但当鼠类大量发生时，天敌的控制作用相对有限。招鹰控鼠技术就是从食物链的关系出发，在害鼠常发的开阔、平缓的草原上，设立招鹰架招引鹰类控制害鼠种群数量。1994 年 1 月，四川省在甘孜州石渠县 5.33 万 hm² 草地上，采用 C 型肉毒梭菌杀鼠剂对优势鼠种高原鼠兔进行药物防治后，于同年 7 月在该区域内，人工设立鹰架 150 架，通过 1995 年、1996 年连续观察，高原鼠兔平均密度 22.5 只/hm²（明显低于对照样方内 55 只/hm²），对草地鼠害的控制起到了积极的作用。技术流程及内容如下：

1. 招鹰架（巢）的类型、材质及规格

（1）类型。招鹰架（巢）由立柱、鹰架或鹰巢两部分组成。其中，立柱分为鹰架立柱和鹰巢立柱两种类型；鹰架分落鹰架和落鹰台两种类型；鹰巢分鹰巢架和鹰巢栏两种类型。

（2）材质。鹰架（巢）立柱材质为钢制或钢筋混凝土；鹰架和鹰巢为钢制。

（3）规格。

● 鹰架（巢）立柱。①鹰架立柱。采用小头边长为 10cm、大头边长为 12cm、高 600cm 的钢筋水泥立柱。立柱的小头应设有长 20cm、直径为 3cm 的钢管。②鹰巢立柱。采用小头边长为 12cm、大头边长为 14cm、高 700cm 的钢筋水泥立柱。立柱的小头应设有长 20cm、直径为 3cm 的钢管。③钢筋水泥立柱。立柱为钢筋混凝土浇筑。水泥用 42.5 级普通硅酸盐水泥，内置 1.2cm 螺纹钢立筋 4 根，每隔 15cm 加 0.65cm 箍筋一道，用扎丝捆绑在螺纹钢上。立柱顶部内置直径 4cm、钢管 20cm，距顶部 70cm 处预留固定孔。

鹰架（巢）立柱置入地下 100cm，并灌注半径 25cm、高 50cm 的水泥基座。

● 鹰架。用 10cm×10cm×50cm 的水泥柱，于立柱垂直对称横放落鹰架。落鹰架中间对称部位应留有直径为 4cm 的圆柱形空缺，安装时可将立柱顶端的钢管套入固定（图 2）。

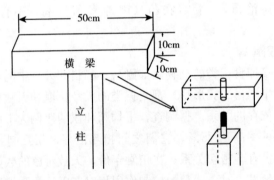

图 2　鹰架示意图

● 鹰巢。①鹰巢架。5cm×5cm×0.5cm 的角钢两根，每根长 80cm，以宽边为接触面，按垂直方向重叠焊接，并在焊接的重叠区域制作直径为 4cm 的圆柱形空缺，安装时可将立柱顶端的钢管套入固定。②鹰巢。用直径为 1cm 的钢筋焊接鹰巢外框，制作直径分别为 50cm、55cm、60cm 的钢圈。将直径为 50cm 的钢圈用钢筋焊接成网格状，网格大小约 10cm×10cm。用 7 根钢筋将 3 个不同大小的钢圈按照从下到上直径依次变大的顺序焊接，并将具有网格的钢圈焊接在鹰巢架上固定。在类似柱状的各框中装入野草便于鹰的采用（图 3）。

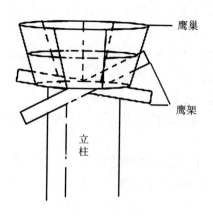

图 3　鹰巢示意图

2. 鹰架（巢）的布局及安装

（1）鹰架布局。鹰架可以一字形或纵横排列布局。地势平坦的草原鹰架相互间隔距离为 700～1 000m，每座鹰架控制面积 49hm²。地形起伏较大的草原鹰架间隔距离可以减小到 500～700m。每座鹰架控制面积 25hm²。

（2）鹰巢布局。鹰巢与鹰架的数量比例为 4∶1，鹰巢以一字形排列，每隔 4～7 个鹰架设立一个鹰巢。也可以设置在纵横修建的鹰架中间，每 4～6 个鹰架中间设立一个鹰巢。

（3）鹰架（巢）的安装。

• 安装前的准备。施工前，结合 1∶100 000 地形图对控制区域进行实地勘察。规划设计安装线路和鹰架、鹰巢位点分布图，制定安装技术要点和工程进度表，并分发给各施工组。

• 安装位点。位点采用人工拉线和使用全球定位系统（GPS）相配合的方法进行定位，如遇沟渠、陡崖、沼泽地、道路等而无法作为位点，位点可向前或向后移动适当位置。

• 安装建设。将预制好的鹰巢架（栏）、落鹰架（台）、固定横梁等部件安装固定在鹰架（巢）立柱上，拧紧连接固定螺栓，并检查各连接部件有无松动。

• 登记编号。安装完毕后，每一座鹰架（巢）都要统一编号造册，登记坐标位置并标注在 1∶100 000 地形图上，以备检查维护。

3. 作用

• 栖息：据观察，鹰类在空中盘旋飞翔后，若没有鹰架，往往降落在公路旁的电杆、小山包或丘陵高地上，或远走高飞；而有人工鹰架的地方，可招鹰在架上栖息。在无外界干扰的情况下，每次栖息的时间约 15～45min，平均为 23.5min，有时长达 70min。

●瞭望：鹰类降落在人工鹰架上后，多呈安憩状态。当受到外界干扰时，就显得特别惊恐、慌张。一旦发现捕食对象，表现兴奋活跃。由于"站得高，看得远"，为鹰类避敌、觅食提供了方便。

●取食：在人工鹰架上及其四周地面，发现有鹰类排泄的大量粪便、唾余及鼠类内脏等。

●筑巢：如在鹰架上用扁钢焊接篮状框子，鹰类就在其内用柴草、羊毛等做巢居住并产卵，孵化雏鹰完成育幼的任务，经统计筑巢率高达 23%。

优点：克服了药物灭鼠的不足，对草原无污染，不破坏食物链，有利于鼠类天敌的保护，有利于生态平衡和环境保护。制作简单，使用方便，成本低廉，防效持久，同时设置简便易行等特点，在大面积天然草地巩固灭鼠效果中有着重要的推广价值。一次性投资可以连续多年控制鼠害，鹰架设置的时间越长，效果越好。

(二) 引狐控鼠

引狐控鼠是应用生态学原理，针对目前草原生态系统食物链中鼠类天敌数量减少这一环节，增加草原鼠类天敌，修复草原生态系统食物链，达到利用生物天敌控制草原鼠害，保持草原生态平衡的目的。主要种类有：红狐、赤狐、草狐、沙狐等。2008—2015 年，四川省先后从宁夏引进经野化训练的银黑狐 88 只，控鼠面积 12 万 hm^2。

银黑狐为赤狐的一个亚种，寿命 10～14 年，能繁年限 6～8 年，年繁 4～6 只，单只活动范围 5～10km，有效控鼠面积 1 333hm^2。通过引进和自然繁殖，银黑狐能够不断扩大其控鼠范围，达到生态控鼠的目的。

狐狸投放：狐狸的释放场地应为高原鼠兔等地面鼠常发区，成片分布，危害面积大于 6 667hm^2 的草原地区，海拔<4 800m，丘陵和平原过渡地带，具灌丛分布，附近有水源。狐狸的释放场地应距居民地 5km 以上，应设立标识牌，加大宣传和保护力度，减少人为活动和捕捉的影响，提高释放的成功率。狐狸的释放场地应与鹰架分布区域留有一定距离，避免互相干扰，使狐狸成为老鹰的捕食对象。

(三) 生物农药灭鼠

1. 肉毒梭菌毒素灭鼠

20 世纪中叶，随着无公害防治技术与生物科技的发展，出现了生物农药。生物农药是运用生物技术，发掘有害生物的"克生生物因子"（有害生物的病原细菌、真菌、杆状病毒、抗生素，以及多种天然产物），研制成控制生物灾害的生物制剂。它具有安全、有效、无污染的优点，也有化学农药使用方便的特点。现已开发的生物农药品种较多，这是控制生物灾害，保护生态环境，保证人类食物发展的趋势，生物防治技术是当今鼠害防治技术中一个重要发展方向。目前，四川省乃至全国广泛采用的肉毒梭菌毒素（Botulin Type C）灭鼠。

　　C型肉毒梭菌毒素是由C型肉毒梭菌（Clostridium botulinum Typ C）产生蛋白毒素，它是目前已知最强的神经麻痹素之一。肉毒梭菌毒素分为A、B、C、D、E、F、G7个型，能引起人类中毒的主要是A、B、E三型毒素。其中：C型肉毒素用于防治害鼠，C型肉毒素从1986年在甘孜州试验，现已广泛应用于四川省大面积草原鼠害防治工作。2015年以来，D型肉毒素在四川牧区草原鼠害防治工作中也得到大面积推广应用。

　　（1）毒饵配置。配置时将青稞或小麦倒在垫席上，并摊成条形，按药物：饵料＝1：500的比例（即1kg C型药配500kg青稞或小麦），喷雾器在内加入原药，加入适量水（河水、自来水）稀释农药，用水量以稀释后拌匀毒饵为准（一般8kg水可喷洒饵料500kg），青稞或小麦堆两侧各站1人，喷雾器边喷洒边翻动从一端到另一端，来回翻动3次即可使每一粒颗粒上均黏附有毒药（图4）。

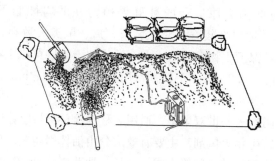

图4　毒饵配制

　　（2）毒饵投放。要求集中连片进行防治，统一配制毒饵、统一发放、统一投药。通常采用洞口投饵法防治高原鼠兔，即逐洞投饵，将毒饵投放于洞口外面的跑道两侧周围7～10cm范围，8～20粒/洞（将毒饵放在洞中效果反而不好，因为鼠进、出洞时容易将毒饵埋到泥巴中影响采食）。投饵时，稍微撒开一些，减少牲畜采食的机会。具体方法为：投饵人员按"一"字形排队，间距3～5m，同时前进逐洞投饵；如分片区投饵片区也不能太分散，各片区之间在投饵时应适当交叉重复，交叉重复带为50～100m。

2. 植物源不育剂农药控鼠

　　（1）雷公藤甲素。雷公藤甲素杀鼠剂为卫矛科植物雷公藤的粗提物雷公藤多甙制成品，为一种雄性不育剂，也称为新贝奥生物杀鼠剂。害鼠进食后，药剂会抑制睾丸的乳酸脱氢酶，附睾末端曲细输精管萎缩，精子量变得极为稀少，丧失生育能力，从而达到减少害鼠数量的目的。石渠县试验表明，雷公藤甲素生物杀鼠剂适口性强，对人畜及有益生物相对安全，对环境友好不会造成残留污染，对四川省常见草原害鼠青海田鼠、高原鼢鼠、高原鼠兔的种群生殖力有一定的抑制效果，可致怀孕率平均下降 10.3%～50.0%。

草原鼠害防治时，0.25mg/kg 雷公藤甲素使用量 500～1 200g/hm^2。投药后一般需禁牧 15～20d，并在施药区竖立明显的警示标志，防止家禽、牲畜进入，避免有益生物误食。雷公藤甲素颗粒剂为成品杀鼠药，可以直接投放，省去了现场配药拌制的环节，使用较为方便。

（2）莪术醇。莪术醇是中药莪术抗病毒、抗癌、抗菌等作用的主要有效成分之一，是从莪术根茎中提取的挥发油经纯化而制得。对鼠类生长发育无明显影响，但会导致其生殖器官异常，故可以在不影响鼠类正常生活的前提下抑制其发育。有研究表明，莪术醇可能通过影响雌鼠卵泡刺激的作用途径，使卵泡滞育在三级卵泡阶段；且可引起雄鼠精子顶体冒缺失，增加精子畸形率和降低其存活率，从而对雄鼠的睾丸功能产生影响。四川石渠县试验表明，莪术醇可有效地抑制高原鼠兔的种群繁殖力，平均怀胎下降率 5.6%～63.9%，且莪术醇适口性较好，对人、畜、禽、鼠类天敌和其他非靶标动物较为安全，具有环保型生物农药的优点，而且利于维持草原生物多样性和生态系统平衡。施药时，0.2% 莪术醇饵剂常用剂量为 2 500g/hm^2，在鼠类繁殖期前施药。

（3）肠道梗阻剂——世双鼠靶。通用名称为 20.02% 地芬诺酯·硫酸钡饵剂，新一代无公害生物灭鼠剂。主要有效成分由活体微生物、医用造影剂硫酸钡和止泻剂地芬诺酯加诱食剂等组成。含量：地芬诺酯 0.02%、硫酸钡 20%。打破了传统灭鼠剂胃毒、凝血、避孕和趋避的作用方式，促使害鼠肠道梗阻致脏器衰竭死亡。

与传统灭鼠剂相比，世双鼠靶具有四大特点：一是作用方式独特性，通过微生物的作用应用靶位定向技术，以物理方式促使害鼠肠道梗阻致脏器衰竭死亡，害鼠死后干瘪无臭味；二是靶标专一性，专门针对鼠类消化系统特点研发，对鸡、鸭、牛、羊、猪、猫等动物安全；三是产品有效成分的安全性，主要成分包括：活体微生物、医用造影剂硫酸钡和止泻剂地芬诺酯加诱食剂等，采用人用医药原料，保证了产品的安全性。经试验表明，产品大鼠急性经口仅为 LD$_{50}$＞5 000mg/kg，比食盐的毒性还要低；四是阻断害鼠间信息传递，不产生耐药性，害鼠盗食该产品后 2～3 天无不良反应，可继续觅取其他食物，阻断了鼠类所存在的特殊信息传递，世双鼠靶适口性良好，诱使害鼠收储，不易产生拒食现象。

五、防治效果监测

防治效果监测应依据不同措施确定监测时间，利用天敌和不育剂控鼠是一个长期的过程，应观测 1～3 年鼠密度的变化情况；而利用其他生物药剂灭鼠中不同农药中毒高峰时间是不一样的。实际工作中，一般生物农药检查时间为投药后 7～10d。

（一）有效洞检测

堵洞开洞法要确定有效洞口数量。首先在样方内用泥土等堵住所有鼠洞口，第二天（24h 后）检查被鼠打开洞口数即为有效洞数。防治前统计的即为防治前有效洞，防治后统计的即为防治后有效洞。如表 1。

表 1 高原鼠兔防治效果调查记录表

地点：　　　　　　　　调查人：　　　　　　　　检查＿＿＿＿＿＿天防效

样方设置时间	样方号	生境	堵洞数（个）	防治前有效洞（个）	效果检查时间	堵洞数（个）	防治后有效洞（个）	防效（％）
平均								
对照								

（二）防效计算

对照样方内不采取任何防治措施，但应和灭效样方一样堵洞并查开洞数计算自然灭洞率。

自然灭洞率：

$$d=\frac{a-b}{a}$$

式中，a 为对照样方防治前有效洞；b 为对照样方防治后有效洞。

校正系数：

$$r=1-d$$

实际防效：

$$D(\%)=\frac{rA-B}{rA}$$

式中，A 为防治前有效洞；B 为防治后有效洞。

六、注意事项

(一) 确定防治指标

制定防治指标不仅需要考虑鼠害发生危害与产量损失的关系以及防治费用，还要协调鼠害防治同经济效益、生态效益和社会效益的关系。一般防治指标为高原鼠兔有效洞口密度≥150 个/hm²。

(二) 确定最佳防治时间

利用生物药剂防治应选择高原鼠兔食物较缺乏、气温在 5℃以下（牧草枯黄时或者次年牧草返青前）、体质较差、繁殖季节前、鼠类活动频繁的时机。

(三) 组织管理

(1) 组织管理到位。由专人负责防治工作的组织和管理。

(2) 灭前规划到位。依据高原鼠兔监测结果，拟定防治实施方案，确定防治区域、时间、面积、人员、物资与具体措施。

(3) 严格物资保管。生物毒素由于保存温度低而凝结成冰，在使用时将毒素瓶放于河水中使其慢慢融化，不要用温水或加热融解，以免受热使药效损失。配制的毒饵量一般不超过 3 天，否则药效降低，影响防治效果。

(4) 生物农药配置时，要加警戒色，应明确禁牧期间。

（杨廷勇、周俗、张绪校、谢红旗、姚建民）

牧区家庭牧场收获加工机械配套

一、技术概述

草原牧区是我国的一个特殊区域，其地理位置和自然条件赋予它独特的资源优势，为发展优质绿色畜牧业，实现牧民增收、畜牧业增效和持续发展创造了有利条件。长期以来，草原畜牧业以传统生产经营方式为主，天然草原和家庭牧场是突出特点；牧户状况、草原类型、承包面积差异很大，机械装备需求不一而足，适用机械产品十分短缺、机械化程度提升受到严重制约。同时，由于实行草场承包制，草原牧区的牧业生产客观上形成了一家一户分散的经营模式。因此，开展适用于牧户的牧业生产机具设备研发与选型配套，加快发展草牧业机械化，对改善草原牧区牧民生产水平和生活条件意义重大。

二、技术特点

本技术以家庭牧场为单元，研究选型配套了包括：天然草地牧草打草、捆草等收获机械 3 套，牧草铡草、粉碎、切丝等加工机械 1 套，牛奶采集、奶产品加工机械 1 套，家畜药浴机械 1 套，风光互补动力装置 1 套，供水机械 1 套等家庭牧场机械组合，较为全面地涵盖了北方草原牧区草牧业生产中需要配套机械的主要生产环节和流程，基本满足了家庭牧场草、畜生产机械化作业需求。

本技术主要适用于内蒙古温性草原家庭牧场草牧业机械配套应用，也可供我国西北部其他类似牧区家庭牧场参考应用。

三、技术流程

（一）机械配套技术思路与流程

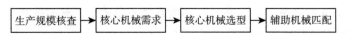

生产规模核查 → 核心机械需求 → 核心机械选型 → 辅助机械匹配

（二）牧草收获机械组合配套流程

（三）牧草粗加工机械组合配套流程

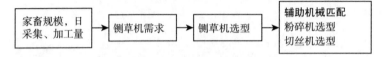

（四）牛奶采集、奶产品加工机械组合配套流程

（五）家畜药浴机械配套流程

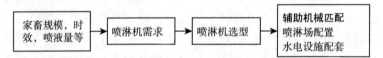

（六）风光互补供电与人畜供水机械组合配套流程

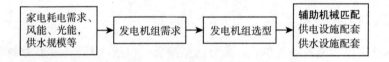

四、技术内容

（一）牧草收获工艺与机械配套

根据研究区域自然条件和社会经济条件，拟定相应牧草机械化收获工艺流程。按照工艺流程分别对牧草收获主要环节所需机型的地区适应性、使用可靠性和机具系统匹配性进行考核。在综合现场考核与机具技术参数分析对比研究基础上，参照近年国家与地方支持推广并通过推广鉴定的相关产品目录，优先选配拥有自主知识产权、经济适用的国产机型，提出了代表性区域牧户自有草场适用牧草收获加工工艺与配套机具系统。

1. 小型家庭牧场（≤200hm²）小方草捆干草收获工艺与配套

以锡林郭勒盟典型草原区为例，对牧户自有草牧场面积、打草场规模、牧草种类、牧草产量、牧草用途及动力机具进行调研与信息资料收集，结合区域气候条件与打贮草习惯，确定了小方草捆收获工艺，并制订出相应工艺流程：

牧草切割 —— 搂集草条 —— 小方草捆捡拾打捆 —— 草捆装运

按照工艺流程，对主要作业环节所需机具进行资料收集与技术参数分析对比，进而选择主要作业环节机具类型。

割草机——典型草原以禾本科牧草为主，茎叶细柔，因此选择动力消耗小，切割质量好，不产生重割的往复式割草机；挂接方式选择操控性与机动性好的悬挂式，割幅兼顾生产率和地形适应性，以 2m 左右为宜。

搂草机——综合考虑配套动力、生产效率及后续打捆机对草条要求，选择无需专门动力驱动，结构简单，搂幅可调，同时具有摊晒功能的指盘式搂草机。

方草捆打捆机——结合研究区域牧草收获作业习惯，选择常规小方捆捡拾打捆机，打成的草捆为常规小方草捆，既可产地自用，也可作为商品草长途运输。

小方捆捡拾装载机——选择结构简单、配套方便的小方草捆捡拾车，该机可以和任何 2t 以上的拖拉机——拖车机组或卡车配套作业。

机具配置：以牧户自有 200hm² 天然打草场为作业计算单元，干草（含水率 20％）产量按 675kg/hm² 计，年打草作业期按 30 天计，提出以下典型草原区适用于小型家庭牧场的小方草捆收获机具系统，该系统中各机型主要技术参数见表 1。

表 1 小方草捆收获机具主要技术参数

机具名称	参考型号	主要参数
往复式割草机	BF210	割幅：2.1m
		生产率：2hm²/h
		配套动力：22kW（30 马力）
指盘式搂草机	9LZ-5	搂幅：5m
		配套动力：22kW（30 马力）
		草条宽度：1.0～1.7m
捡拾压捆机	9JK-1.7	工作幅宽 1.7m
		配套动力：≥36.75kW（50 马力）
		草捆重量：20kg
小方草捆捡拾车	9JK-2.7	升运高度 2.7m
		生产率：250 捆/h
		工作牵引阻力 50～100kg
动力配套		国产中小型拖拉机配套

各机型具体配备数量可根据实际作业面积，牧草产量，参照机具生产率、每日作业小时数、年作业天数，同时考虑天气影响利用系数、机具利用系数进行配置。

　　各主要作业环节示例机型见图 1。

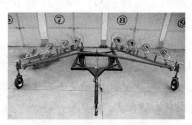

BF210型往复式割草机　　　　　　　9LZ-5型指盘式搂草机

9JK-1.7型方草捆捡拾压捆机　　　　　9JK-2.7型小方草捆捡拾车

图 1　小型家庭牧场（典型草原区）小方草捆收获机具系统

2. 中型家庭牧场（200～400hm²）圆草捆干草收获工艺与配套机具

　　在锡林郭勒盟草甸草原区对当地自然与社会基本信息调研基础上确立了圆草捆收获工艺并制订出相应工艺流程：

牧草切割　→　搂集草条　→　捡拾压制圆草捆　→　草捆装运

　　按照工艺流程分别筛选出适用机型并进行合理配备，提出了草甸草原区适用于牧民自有打草场的圆草捆收获机具系统。该系统中各机型主要技术参数见表 2。

　　机具配套：以牧户自有 200～400hm² 天然打草场为计算作业单元，干草产量按 750kg/hm²（含水量 20％）计，年打草作业期按 30 天计。系统配套动力 58kW 以下的轮式拖拉机，打成的草捆直径 1.2m，重量在 200～240kg。各机型具体配备数量可根据实际作业面积，牧草产量，参照机具生产率、日作业时数、年作业天数，同时考虑天气影响利用系数、机具利用系数进行配置。

　　中型圆草捆一般在产地自用，不宜长距离运输。本机具系统机械化程度较高，所需动力级别不高，系统设备投资规模相对较小，与方捆比具有生产效率高、劳动强度低、使用操作方便等优点。适用于地势平坦，草场面积较大，劳动力缺乏的地区。各主要作业环节参考示例机型见图2。

表2　圆草捆收获机具技术参数

机具名称	型号	主要参数
牵引三刀组合割草机	9GHA-6.3	割幅：6.3m
		生产率：3.78～4.41hm²/h
		配套动力：≥36kW（50马力）
牵引式指盘搂草机	RT 13	工作幅宽：7.6m
		配套动力：≥50kW（70马力）
		作业速度：20km/h
圆草捆打捆机	9YG-1.2型	捡拾宽度1587mm
		配套动力：≥25kW（35马力）
		草捆重量：200～240kg
圆草捆抓举机		可在拖拉机前配叉架

三刀组合往复式割草机

牵引式指盘搂草机

圆草捆打捆机作业

圆草捆抓举机

图2　中型家庭牧场（草甸草原区）圆草捆收获机具系统

3. 家庭牧场人工草地牧草收获工艺与配套机具（以 67hm² 规模测算）

对当地自然条件以及社会经济条件进行调研并收集牧户苜蓿种植规模、苜蓿亩产量、苜蓿用途、动力保有等基本信息。在调研基础上制订出家庭牧场自有草场人工种植苜蓿干草收获工艺流程：

苜蓿切割压扁 ➡️ 搂集草条 ➡️ 捡拾压制方草捆 ➡️ 草捆装运

本着优先选配国家和地方支持推广的国产机型的原则，筛选出适用机型并进行合理配备，初步提出适于千亩种植户的苜蓿干草收获机具系统。该系统中各机型主要技术参数见表 3。

表 3　人工草地方草捆收获机具技术参数

机具名称	型号	参　　数
切割压扁机	9GBQ - 3.0	割幅：3m
		草条宽度：1.1～1.9m
		配套动力：26kW（35 马力）
指盘式搂草机	9LZ - 6	搂幅：≤6.0m（可调）
		配套动力：30kW（40 马力）
		作业速度 8～12km/h
捡拾压捆机	9JK - 1.7	工作幅宽 1.7m
		配套动力：≥ 36.75kW（50 马力）
		草捆重量：20kg
小方草捆捡拾车	9JK - 2.7	升运高度 2.7m
		生产率：250 捆/h
		工作牵引阻力 50～100kg

机具配套：以牧户自有千亩人工草场为计算作业单元，干草产量按每年刈割 4 茬总产 18 000kg/hm²（含水量 16%）计，每茬打草天数按 10 天计。系统配套动力 40kW 以下的轮式拖拉机，本机具系统以国产机型组成，配套动力级别相对较低，系统设备投资规模相对较小，适用于小规模人工草地小方草捆干草收获，系统主要作业环节示例机型见图 3。

生产中，可选择由当地农机推广的质量性能可靠的机型，优先选配已列入国家及地方农机购置补贴目录的机型。各机型具体配备数量可根据实际作业面积，牧草产量，参照机具生产率、每日作业小时数、年作业天数，同时考虑天气影响利用系数、机具利用系数进行配置。

图3　家庭牧场千亩人工草地牧草收获机具系统

（二）家庭牧场适用饲草料加工机械配套

在草原牧区，为推广舍饲圈养，牧户大多拥有一定规模的饲料基地，并种植有各类饲草料，饲草料经过加工，可增加牲畜采食率和消化率，提高饲草利用率。

以内蒙古杭锦旗为例，牧户种植有玉米、蔓菁及马铃薯等饲料作物。因此，选择应用比较普遍的铡草机、粉碎机和切丝机三种加工设备，即可基本满足试点区域牧户自行加工饲草料的需要。具体机型可根据饲料种植面积、产量，参照机具生产效率、配套动力、适用范围、作业质量、机具性能及生产厂信誉等因素进行选用。试点牧户选配的饲草料加工机具主要性能指标见表4。

表4　试点牧户饲草料加工机具主要性能指标

机具名称	配套动力	生产率
青贮铡草机	5.5 kW	4.5t/h
饲料粉碎机	4～7.5 kW	800～1 500kg/h
饲料切丝机	1.1～2.2 kW	400～600kg/h

选配的铡草机对玉米秸秆类饲料切碎质量好、切段长度可调、结构简单操作安全，适用范围广；选配的玉米籽实粉碎机每度电产量高，通用性能好，能粉碎不同类型的饲料；选配高效切丝机结构紧凑、操作方便，可用于蔓菁、甜菜、马铃薯等饲料的切丝加工。

采用选配的饲草料加工设备，不仅解决了牧户自产饲料贮存、加工问题，还可以根据不同家畜要求，自行调节饲草料切断尺寸，粉碎粒度以及草料配比，达到了减少饲草料浪费，最大程度吸收利用草料营养，提高饲草料报酬的目的。

（三）家庭牧场适用牛奶采集与奶食品加工机械配套

1. 牛奶采集机械配套

长期以来，草原牧区由于缺少专门的奶牛饲养管理机械设施，尤其是挤奶环节仍以手工操作，单调、费时、费力，且常造成挤奶人员手指劳损变形，还会污染牛奶。亟须配套牛奶采集机械，以提高劳动生产效率和食品安全。

针对试验区牧户奶牛养殖规模不断扩大，而牧区劳动力缺乏，人工挤奶劳动强度大的生产实际，以杭锦旗为例，在移动式挤奶机关键工作部件试验基础上，为牧区家庭牧场散放奶牛牛奶采集环节选配高效适用挤奶设备——移动式真空泵挤奶机（图4）。

图 4　牛奶采集设备及其维护

应用选配的可移动真空泵挤奶设备，极大地减轻牧民劳动强度，提高了生产率，改善了生产条件，同时可保障奶牛健康，避免了人工挤奶对牛奶的污染，使生鲜奶达到相关卫生标准，为牧民散放奶牛牛奶采集环节提供了先进适用机具。

2. 牧户奶食品加工机械配套

牧区奶牛养殖户大都有加工奶食品的经验，且奶食品加工环节一直为手工操作，不仅体力消耗大，还存在奶食品质量不稳定，花色品种不够丰富等问题。近年来，随着牧区高产奶牛增多，产奶量大幅增加，牧户奶食品加工耗费的时间和劳动力更多，也需要机械配套。

牧户适用奶食品加工制作设备选配与应用试验，主要包括：牛奶分离与酪丹成型、牛酥油饼原料混合揉制、酥油饼成型及烘焙等用具及设备的选配试验（图5）。

图 5　奶食品加工设备选配及奶食品加工

采用选配的奶食品加工制作工具与设备，可在完全保持传统手工制作奶食风味基础上，提高生产率，降低劳动强度，且实现对影响奶食品营养和口感的关键环节的加工时间、制作温度等因素可控可调，同时增加了奶食品种类和花色，加工出的奶食品受到周边牧民及城镇居民的喜爱，从而达到提高牧民生活质量，增加牧业收入的目的。

此外针对牧区牧户在奶食品生产加工过程中大多存在缺乏独立加工制作间导致卫生条件差以及鲜奶盛放、酸奶发酵、奶食品成型、风干、晾晒环节涉及容器、用具大多不符合食品卫生要求等方面的问题，指导试点牧户选配符合食品安全卫生要求的盛放、加工、贮存用具和设备（图 6）。

图 6　奶食品存放设备

采用先进的鲜奶与奶食品贮藏设备，显著提高了牧户牛奶采集与奶食品生产加工过程卫生水平及产品质量。

（四）家庭牧场适用小型药浴设备的配套

牧区牧户为防治绵羊疥癣及其他体外寄生虫病，要定期对其进行药浴。目前，采用的药浴设施水泥池，造价高，且不能移动，羊只进池全靠人工，尤其是待浴羊不入池时，就必须靠人工驱赶，或人工将羊抱起抛入药浴池中，不仅劳动强度大，工作效率较低，还常导致怀孕母羊流产。家庭牧场小型药浴的机械配套极大地减轻绵羊饲养管理中传统池浴繁重的劳动，同时减轻草场和水源环境的污染（图7）。

图 7　便携绵羊药浴设备试验

试验表明，采用便携喷雾药浴机械较传统池浴劳动强度低，仅由 1 名妇女即可完成自家羊群的季节性药浴作业，节约用水用药，达到有效地预防和驱除绵羊体外寄生虫的目的。

（五）家庭牧场风光互补新能源供电与人畜供水机械配套

1. 供电设备

现代化的牧区生产生活都离不开电的支持。由于草原牧区牧户居住分散，通过延伸电网供电建设周期长，线损大，使得用电成本大大提高，极不经济。这也是多年来边远牧区无法通过常规能源解决用电的主要问题。利用风能、太阳能等绿色能源发电，可以解决远离电网、居住分散的牧民用电难问题。

针对牧户生产生活基本需求，为试点牧户选配集成户用离网型风光互补供电系统 1 000W/320W，系统基本配置见表5。

表 5　户用离网型风光互补供电系统基本配置表

系统组件名称	规格	数量	备注
风力发电机	1 000W	1 台	稀土永磁发电机
太阳能光电板	80WP	4 块	多晶硅电池片
控制器	风电 500~2 000W、光电≤500W	1 台	图形液晶显示
蓄电池	200AH	4 块	
逆变器	2 000VA	1 台	

对试点户用风光互补供电系统运行监测表明，利用风能、太阳能的互补性，可以获得比较稳定的输出，系统设备有较高的稳定性和可靠性，系统运行与数据监测见图8。

图 8　牧户用风光互补供电系统

开展了离网型户用风光互补供电系统与牧民生产生活用电器合理配置及高效利用研究，试点牧户风光互补供电负载基本情况见表 6。

表 6　试点牧户风光互补供电负载电器基本情况表

负载名称	功率（W）	数量（支/台）	日工作时间（h）	日耗电量（kW·h）
照明用节能灯	15	3	5	0.225
卫星电视接收机	15	1	6	0.09
彩色电视机	70（39 吋）	1	6	0.09
节能冰柜（203L）	120	1	24	0.58
洗衣机（7kg）	370	1	<1	0.37
合计				1.355

运行结果表明，户用风光互补供电系统可满足试区牧户生产生活的基本用电需求。新能源供电使边远牧区牧民不但能够照明，而且能够看电视、用电脑，通过收看电视节目和上网，掌握致富信息，丰富精神文化生活（图 9）。

通过对离网型户用风光互补供电系统优化选配并合理配置生产生活用电设备，达到基本上由风光互补发电系统为远离电网牧户供电，解决其基本生产生活用电问题，尽可能少用或根本不用启动备用电源如汽油发电机或柴油发电机组等。风能、太阳能发电能有效解决边远牧区用电的难题，既有利于资源的可持续利用，又有利于草原生态环境的保护。

2. 太阳能光伏提水设备配套

草原牧区人畜饮水困难一直是影响牧业生产牧民生活的大问题，许多牧民居住在缺水或无水草场，由于技术、经济和开采条件的制约，导致人畜饮水困难。许多地区地下水位较低，因此牧民一年四季都需要到距离定居点几里外的公用水井拉水来解决所需人畜饮水。人工拉水不仅需要强壮的劳力还需要花费大量时间和资金投入。牧民长期远距离拉水增加了生产、生活成本，加重了牧民负担。

风光互补供电牧户　　　　　　　　　照明

看电视　　　　　　　　　　用电脑

图9　风光互补供电负载电器

　　针对困扰牧民的人畜饮水问题，结合地方政府水窖工程项目，建设家庭牧场用太阳能光伏提水设备配套（图10）。

图10　太阳能光伏提水设备试验

　　设备运行监测表明，采用水窖配套智能光伏提水设备，可使牧户在定居点就近解决人畜饮水问题。同时智能光伏控制器可根据饮水槽水位对提水注水实施控制和调节，保证家畜饮水量充足和卫生，试点光伏提水设备基本配置见表7。

表7　光伏提水设备基本配置表

系统组件名称	规格	数量	备注
太阳能光电板	320WP	1块	多晶硅电池片
控制器	光电≤500W	1台	
水泵	扬程＞10m	1台	

采用定居点修建储水窖配套太阳能光伏提水设备，既方便了牧民人畜饮水需要，又实现了节能、环保、降耗，促进了牧区经济、能源、生态环境的协调发展。

五、注意事项

家庭牧场草牧业机械配套原理和实践属于较新领域，该技术是基于国家科技攻关专项试验研究的基础上提出的，受可选机械设备、研究水平和加工能力的限制，尤其在物理硬件设施配套上有所欠缺。随着我国草牧业机械、设备的研发水平提高，这些问题均会得到进一步完善。上述技术仅供今后在家庭牧场草牧业机械配套中参考使用。

（吴新宏、侯武英）

北方草原牧区育肥羊冷季舍饲和补饲技术

一、北方草原"暖牧冷饲"型草牧业生产模式

由于四季分明的气候特点和饲草生长的季节性节律，我国北方草地上可利用饲草量（以及饲草营养价值）和草食家畜的需求量存在着明显的季节性分异。因此，"暖牧冷饲"是我国牧区草原畜牧发展的主要模式。"暖牧"指在夏秋温暖季节在草原上放牧，充分利用天然饲草资源，降低生产成本；"冷饲"指在冬春冷季通过舍饲圈养的方式进行饲养，减少放牧产生的家畜掉膘、死亡等损失，保证安全越冬，并避免家畜春季返青期啃食牧草影响生长。"暖牧"和"冷饲"相结合，可以随植物生长节律进行草食家畜生产，在充分发挥放牧优势的情况下，保证草地的可持续利用，有效提高草牧业生产效益。在相同畜产品产出水平下，与传统四季轮牧方式相比，"暖牧冷饲"方式能够大幅降低载畜压力和草地的利用强度。如，在青藏高原高寒草甸应用，可使每个羊单位家畜饲草消耗减少30％以上，有效解决天然草地超载过牧的问题。

"暖牧冷饲"草牧业生产模式有两个主要技术要点：一是对家畜在夏秋暖季的放牧管理中，确定"暖牧"的时间和可放牧强度。其具体技术指标包括：开始放牧的时间、放牧延续时间和单位面积的载畜量（另文详述）；二是要解决"冷饲"的饲养问题。具体包括冬春冷季的饲养策略，以及冬春季舍饲的饲草料来源、饲养配方等技术方案。在"放牧—舍饲"的交接区，还需要适当设立一段"放牧＋舍饲"的过渡期。模式的草地放牧—放牧加补饲—舍饲时间排序见表1。

表1　"暖牧冷饲"模式的时间序列

时间范围	6月—11月	当年12月—翌年3月	4月—5月
饲养方式	草地放牧	舍饲或补饲	舍饲

二、模式适用范围

"暖牧冷饲"模式使用区域广泛，主要适用于季节分明的草原牧区，包括华北、东北、西北以及青藏高原的草地。还可应用于其他因降水，以及温度（高温）等原因致使植物季节性生长有明显差异的地区。

在技术应用规模方面，暖牧冷饲模式可应用于各类大小不同的经营主体上，从个体家庭牧场、适度规模的牧户联合体（合作社）到大型的集体或国营农牧场均可使用本模式。

三、育肥羊冷季舍饲补饲技术

"冷季舍饲"技术的目标是，解决北方草原地区冬春冷季家畜的饲养。技术要点包括：饲草料来源、饲养对策和方案、饲草料配方等。

（一）饲草料来源

依据各地区的具体条件，可采用不同的对策解决冬春冷季的饲草料来源问题。

1. 草地打草，自给自足方案

在草地基况好、初级生产力较高、能够打草的地区，可将草地划分为 4～5 个区，每年使用 3～4 个区作为放牧草地，暖季放牧。另外 1～2 个区用于秋季打草，收获干草用于冬春冷季舍饲。每 3～5 年对打草和放牧的小区进行轮换。

2. 草地打草＋外购饲料方案

这是上述单纯以草地打草解决冷季饲养问题方案的改进型。针对冬春季基础母畜因怀孕、带羔哺乳营养需求高，天然干草难以满足其营养需要的问题，通过添加精饲料来实现对基础家畜的维持饲养。在目前玉米等粮食精料价格低迷、而饲草价格高企不下的情况下，这是近期最值得优先选用的方案之一。

3. 农牧互补型方案

在有种植条件的地区，调剂少量土地，种植高产的饲草料作物（如玉米、高丹草等）用于冷季饲养。根据不同地区的具体条件，可以利用种植地进行饲料（籽粒）、饲草（营养体），以及青贮（或黄贮）料的生产。

4. 综合（混合）方案

根据各地的气候、自然以及社会经济情况的不同，可以选择当地的秸秆资源（在距农业种植区较近的地区）、饲用灌木资源（大面积的柠条、羊柴分布区），以及不同的当地其他饲草料资源进行优化组合，用以解决冷季的饲养问题。

（二）饲养配方

依据各地区的饲草料来源以及家畜种类、生产目标不同，可以有不同的饲养方案。北方草原区放牧家畜主要为绵羊，故本技术以放牧期结束后的绵羊为例。其他家畜可根据其生长特性和营养需求参照本技术进行饲养。

1. 妊娠母羊维持饲养

妊娠母羊是下一生产周期再生产的基础资料，需要较高的营养水平保证其产羔和哺乳需求。在其自由采食天然干草或秸秆的基础上，可采用表1的精料配方进行补饲。每日每只羊补饲约150g料，可保证母羊和羔羊的正常生长。不同的地区可根据当地饲料资源的具体情况，参照表2中的营养浓度，适当调整原料种类。可用燕麦或大麦籽实替代玉米，用豆粕替代麻饼。根据这些精料成分的能量和蛋白质含量不同，对各类原料的占比进行相应的调整。

表 2　冬春季妊娠母羊维持饲养精料配方

配　　　方		营养含量	
原料	配比（%）	营养指标	含量
玉米	83.7	能量	70.72（MJ/kg）
麻饼	15	粗蛋白	108.30（g/kg）
盐	0.3	钙	3.39（g/kg）
添加剂	1	磷	2.29（g/kg）

2. 育肥羊饲养

对用于冬春季出栏的育肥羊，可参照表3的日粮营养含量，使用表4的日粮配方（玉米秸秆可用不同的粗饲料代替）。育肥周期一般在40天左右，可划分为3个阶段，每阶段的饲喂量不同见表5。一天中要定时、定量进行饲喂。饲喂制度可见表6。育肥饲养已是一项畜牧业生产常规技术，各地可针对当地的饲草料资源特点和育肥家畜种类优化饲养方案。

表 3　育肥羊日粮营养含量

营养指标	可消化粗蛋白 （g/kg）	消化能 （MJ/kg）	钙 （g/kg）	磷 （g/kg）
含量	97.5	12.75	4.21	1.78

表 4　育肥羊日粮配方

组成	玉米秸	玉米	亚麻饼	豆粕	乳酸钙	尿素	食盐	添加剂
比例（%）	60.00	30.60	6.40	2.00	0.08	0.40	0.12	0.40

表 5　育肥羊分阶段饲养方案

饲养阶段	1~10 天	11~35 天	36~45 天	平均饲喂量
饲喂量（kg）	0.4	0.6	0.8	0.6

表 6　育肥饲养制度

时　　间	饲 养 管 理
7：00	饲喂 1/3 的粗饲料
10：00	清理圈舍，通风换气
14：00	饲喂 1/3 的粗饲料，饮水
19：00	饲喂精饲料
20：00	饲喂 1/3 的粗饲料，饮水

3. 低成本维持饲养

夏秋暖季放牧结束后，家畜进入到需依赖储备饲草和饲料的冷季舍饲期，如何降低此阶段的饲养成本往往是决定北方草原区家畜生产效益的关键。对不立即用于繁殖或育肥的后备养殖，可以采用低投入维持性饲养的策略。在舍饲期内，用低成本饲草料饲养，不求其增重（甚至可以有一定程度的掉膘），维持存活即可。表 7 推荐了几个在草原牧区低成本饲草料配方，并列举了其饲养效果。从表 7 中可以看到，不加精料（玉米粒）的配方普遍掉膘比较严重。每日投入 0.1kg 精料后，保膘程度有很大改观。在当前饲草价格高企不下，而玉米价格相对低廉的情况下，推荐尽可能的加大玉米在日粮中的比例。为保证草食家畜的反刍，每天应最低保证 0.25kg 的饲草。

表 7　禁牧期不同饲草料配方的饲养效果

饲草料配方（kg/d）		羊体重		增/减重（%）	饲养期	试验地点
干草	玉米粒	试验前	试验后			
1.0	0	60.2	51.6	−14.3%	4 月 26 日—6 月 26 日	内蒙古正蓝旗
0.25	0.1	86.8	79.8	−8.1%	4 月 26 日—6 月 26 日	内蒙古正蓝旗
0.5	0.1	76.6	71.6	−6.5%	4 月 26 日—6 月 26 日	内蒙古正蓝旗
0.25	0.2	88	78.4	−10.9%	4 月 26 日—6 月 26 日	内蒙古正蓝旗
0.3	0.15	56.2	53.4	−5.0%	5 月 1 日—6 月 5 日	内蒙古锡林浩特
0.5	0	55	45.8	−16.3%	5 月 1 日—6 月 5 日	内蒙古锡林浩特
1.0	0	62.4	58	−7.0%	5 月 1 日—6 月 5 日	内蒙古锡林浩特

在半农半牧区、农区以及秸秆、饲用灌木比较丰富的干旱草原区，可以参照表 8 的配方安排冬春季的舍饲。根据在内蒙古中部的试验，以每天 2kg/羊的投料量饲喂，成年羊在冬春季 100 天不掉膘（甚至有少量增重）。以此类配方进行饲养，每只羊舍饲成本为 200～300 元。如有自产玉米精料或秸秆，饲养成本可大幅降低。

表 8　半农半牧区羊舍饲日粮配方

日粮配方（%）	配方 1	配方 2	配方 3	配方 4	价格（元/t）
玉米粒		50		20	1 800
玉米面			24		2 000
玉米秸秆	20	30	20	70	500
柠条揉丝	60	20	56		800
商品预混精料	20			10	3 000
价格（元/t）	1 180	1 210	1 028	1 010	

应该指出的是，我国广大的北方草原区以及半农半牧区在土地资源分配、气候条件、水利资源等方面情况差异很大，各地应根据当地的饲草料资源进行配方饲养。上述的各类配方，可看作是一种基本的框架方案，在不同情况下，可以有所修改和调整。在饲养对策方面，主要应根据市场需求进行安排调整。技术和经济必须有机结合，无论是育肥饲养还是维持饲养，经济效益最大化是生产者需要优先考虑的目标。

（李青丰）

草原生态旅游环境容量评价技术体系

一、技术概述

随着我国社会经济的快速发展和人们物质生活水平的不断提高，旅游休闲的需求量日渐增大，旅游产业随之快速发展。草原因其壮美的自然风光和独特的民俗风情，吸引着越来越多的旅游爱好者。然而，蜂拥而至的大量旅游者与脆弱的草原生态环境以及粗犷、薄弱的旅游业接待设施与服务之间的矛盾日益突出，主要表现在草原生态旅游项目开发建设中环境保护规划意识薄弱、旅游活动中不负责任的环境行为以及区域旅游开发过程中粗放的旅游资源管理。这些都造成了生态旅游环境的恶化和草地生态系统的破坏，不利于草原生态旅游业的可持续健康发展。生态旅游环境容量是环境和生态旅游的枢纽，是衡量旅游环境与旅游发展是否协调的重要尺度。因此，为了保护草原旅游环境，维护草地生态系统功能，实现草原地区经济效益、社会效益和环境效益的统一，建立健全生态旅游环境容量评价技术体系是当务之急。该体系的建立将更好地指导生态旅游区的规划和管理，促进当地草原生态的持续保护与旅游业的可持续发展。

二、技术特点

（一）适用范围

本评价技术体系适用于以草原旅游资源类型为主的旅游区的生态旅游环境容量评价，适宜草原、草甸、草本沼泽、荒漠等植被为主的草地类型旅游区域。

（二）技术优势

以前的草原旅游区资源容量评价技术多数被归于山岳类，实际工作指导意义不大，甚至有把空间环境资源容量资源等同于整个资源区域的环境资源容量资源。即采用线路法和面积法简单推算，没有明确和突出草原生态旅游区的资源特征，因此建立起的具体模型适用性不强。本评价技术体系针对草地旅游资源类型，在对国内外有关旅游环境容量评价的文献进行分析后，结合旅游环境容量研究和草原生态旅游实践，建立起的草原生态旅游环境容量评价的系统、全面的指标体系，根据草原生态旅游区资源特征，通过专家打分系统给环境容量资源各分量进行权重赋值（生态环境容量为0.523，空间环境容量为0.117，设施环境容量为0.175，游客心理环境容量为0.185），并在此基础上建立了草原生态旅游区旅游环境容量的定量评价技术体系。

三、技术流程

见图1。

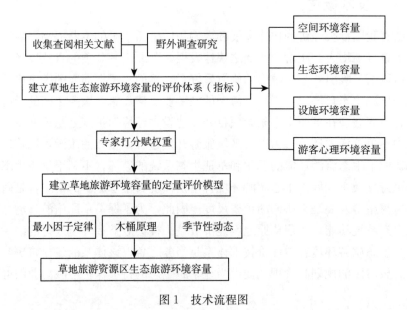

图1 技术流程图

四、技术内容

（一）草地旅游资源区域片区划分

由于草地旅游资源区覆盖面积较广，涵盖的主导区域较多，草地旅游主导区域的生态旅游环境容量的总和将最终成为草地旅游区域的生态旅游环境资源总体容量。综合评价方法为：

$$C(Q) = \sum [C(Q_i)]$$

式中，$C(Q)$ 为草原旅游区域的生态旅游环境日容量，$C(Q_i)$ 为第 i 个旅游主导区域的生态旅游环境容量，$i=1, 2, \cdots, 6$。

（二）草地旅游主导区域生态旅游环境容量评价指标体系

对每个主导区域的生态旅游环境容量，从旅游空间环境容量 $C(Q_{is})$、旅

游生态环境容量 $C(Q_{ie})$ 、旅游设施环境容量 $C(Q_{if})$ 、心理感应环境容量 $C(Q_{ip})$ 4个分量指标逐一进行评价，对应的指标体系见表1。

表1 草地旅游主导区生态旅游环境容量资源评价指标体系

一级指标	二级指标	三级指标
空间环境容量	陆地游览环境容量	可游览面积，m^2
		游览线路长度，m
		每天开放时间，h
		游客平均游览时间，h
生态环境容量	水体环境容量	生化需氧量 BOD_5，mg/L
		供水总量与人均用量
	固体垃圾环境容量	垃圾清理车数量及规格
		环卫工人人数
	大气环境容量	总悬浮颗粒物量，mg/m^3
		二氧化硫含量，mg/m^3
		森林覆盖率或绿地面积，m^2
	生物环境容量	可游览面积，m^2
		游览线路长度，m
设施环境容量	基础设施环境容量	停车场面积，m^2
		供电总量与人均用量
		供水总量与人均用量
		游览车辆、数量、规格及运营时间
	服务设施环境容量	客栈及旅馆床位
		托运马匹、驴子
		向导（或翻译）
		餐饮茶座设施
		医疗设施应急及网络
		补给站
心理感应环境容量	游客心理感应环境容量	游客审美体验
		可游览面积，m^2
		游览线路长度，m
		每天开放时间，h
		游客平均游览时间，h

（三）草地旅游主导区域生态旅游环境资源容量评价方法

依据木桶原理和最小因子定律等进行环境容量 $C(Q_i)$ 的综合评价。综合评价方法为：

$$C(Q_i) = \text{Min} \{C(Q_{ie}), C(Q_{is}), C(Q_{if}), C(Q_{ip})\}$$

由于不同旅游主导区旅游环境容量指标体系领域层的侧重点不同，我们采用专家打分法对不同旅游主导区旅游环境容量指标体系进行了相应二级指标的权重赋值。结合前人研究的经验，综合数十位专家，确定了草地类生态旅游环境评价中的权重赋值：生态环境容量为 0.523；空间环境容量为 0.117；设施环境容量为 0.175；旅游者心理环境容量为 0.185。环境容量 $C(Q_i)$ 的综合评价方法也相对调整为：

$$C(Q_i) = 0.523 \times C(Q_{ie}) + 0.117 \times C(Q_{is}) + 0.175 \times C(Q_{if})$$
$$+ 0.185 \times C(Q_{ip})$$

1. 旅游空间环境容量

旅游空间环境容量 $C(Q_{is})$ 计算模型为：

$$C(Q_{is}) = \sum [(X_i / Y_i) \times (T_i / t_i)]$$

式中，X_i 代表第 i 个景点的可游览面积（长度）；Y_i 代表第 i 个景点旅游者的合理游览面积（m^2/人）或长度（m/人）；T_i 代表第 i 个景点每日有效的开放时间；t_i 代表游览者游览 1 次第 i 个景点所需时间。

2. 旅游生态环境容量

旅游区生态环境容量 $C(Q_{ie})$ 评价模型为：

$$C(Q_{ie}) = \text{Min}(ew, ea, eg, ev)$$

式中，ew 为水体环境容量；ea 为大气环境容量；eg 为固体废弃物环境容量；ev 为生物环境容量。

ew＝水体环境污染物容量/人均污水生产量。本研究选取水体 BOD_5，人均 BOD_5 生产量参照《中华人民共和国国家标准景观娱乐用水水质标准》；水体总的 BOD_5 容量选用 BOD_5 测定仪实地量测换算。依据《中华人民共和国国家标准景观娱乐用水水质标准》（GB 3838—2002）对旅游区水质标准的规定，草地旅游区水体环境质量标准执行 I 类标准。其中，生化需氧量 BOD_5 的标准为 3.0mg/L。人均生化需氧量 BOD_5 的产生量则按照保继刚等人（1996）等人总结的经验数据，采用 40g/人日。

ea＝区域大气环境污染物容量/人均废气生产量。本研究选取总悬浮颗粒物量和二氧化硫含量两个指标，其中，人均总悬浮颗粒物和二氧化硫生产量参考经验值，而区域总悬浮颗粒物和二氧化硫容量可以实测。草地旅游区在环境空气质量功能区分类中多属于一类区，执行环境空气质量一级标准。依据《中华人民共和国国家标准环境空气质量标准》（GB 3095—1996）国家环保局的明文规定，草地旅游区大气环境质量标准中总悬浮颗粒物为 0.12mg/m³，二氧化硫为 0.05mg/m³。依据保继刚（1996）等人总结的经验数据，本研究中采用的游客产生的大气污染物的生产量为：总悬浮颗粒物日生产量为 60g/人日，二氧化硫日生产量为 12.97g/人日。

eg＝每日固体垃圾处理量/人均垃圾生产量。其中，人均垃圾生产量选取经验值 500g/（人·天）。

ev＝游览面积/人均生物影响承受标准面积。以景点游览线路里程和沿线活动范围（线路两侧各 10m）为依据计算游览面积，人均生物影响承受标准面积选取一下经验值：15m²/人。

3. 旅游设施环境容量

旅游区设施环境容量 $C(Q_{if})$ 评价模型为：

$$C(Q_{if})＝\mathrm{Min}(f_t，f_p)$$

其中，f_t 代表基础设施环境容量；f_p 代表服务设施环境容量。

本研究中基础设施环境容量选取停车场面积、水资源等设施要素以及托运马匹、向导、客栈等服务要素，调查实得要素总量/过夜游客占总游客的比例（人均日消耗要素量）便是旅游区设施环境容量。本研究中涉及人均日消耗要素量均选取经验值。例如，停车场面积为 4.5m²/床，人均耗电 3（kW·h）/床，人均耗水 25L/人（不过夜，如果过夜按照 1.5t/人）。

4. 游客心理环境容量

心理感应环境容量 $C(Q_{ip})$ 评价模型为：

$$C(Q_{ip})＝＝S_iT_i/P_it_i$$

其中，S_i 代表第 i 个景点的可游览面积；T_i 为第 i 个景点游览每日开放时间；t_i 为第 i 个景点游人平均游览时间；P_i 为游客在第 i 个景点心里感应良好时的应占有的面积，需问卷调查得到。通常，旅游者的心理环境容量接近于旅游空间环境容量，有些学者将二者等同起来，但一般情况下，前者略小于后者。

5. 生态旅游环境容量动态测算

根据旅游区旅游动态特征，可以得到该旅游区的日饱和旅游环境容量、日超饱和旅游环境容量和年适宜旅游环境容量，其表达式如下：

日饱和旅游环境容量：$\mathrm{Max}\,Q＝2.5\,C(Q_i)$；

日超饱和旅游环境容量：$Q(c)＝2\,\mathrm{Max}\,Q$；

年适宜旅游环境容量：$Q(y)＝D\,Q$，D 为年可游览天数。

五、注意事项

(一)原则遵循性

该技术体系是衡量旅游环境与旅游发展是否协调的重要依据。为了保护草地旅游环境,维护草地生态系统功能,更好地指导生态旅游区的规划和管理,应充分结合区域季节性动态,严格遵循最小因子定律和木桶原理。

(二)区域限制性

该技术体系适用于草原旅游资源类型为主的旅游区、自然保护区等的生态旅游环境容量资源评价以及旅游规划,对其他环境适用性不强。

(史长光)

草原观光旅游区规划设计

一、技术概述

草原是世界上分布最广的植被类型之一，是陆地生态系统的重要组成部分，它为人类提供了许多产品和生态服务。依托草原生态系统发展旅游，已经成为草原地区发展经济的重要手段。草原观光旅游区是指依托草原景观开展旅游观光经营活动的空间或地域。草原观光旅游区规划是指为了保护、开发、利用草原景观资源，使其能够主要发挥观光休闲功能，兼顾游憩、娱乐、度假等多种功能，而对旅游区各项旅游要素进行的统筹部署和具体安排。为规范草原观光旅游区规划编制工作，提高草原观光旅游区规划的科学性、前瞻性和可操作性，促进草原旅游业的健康可持续发展，推动草原地区经济文化协同发展，特制定本技术规程。

二、技术特点

本技术规程在梳理分析国内外草原旅游规划编制工作成果的基础上，立足于草原景观资源以及草原旅游市场需求，在《旅游资源分类、调查与评价标准（GB/T 18972—2003)》和《旅游规划通则》（GB/T 18971—2003）的规范下，针对规范草原观光旅游区规划设计而编写，可供温性草原、高寒草甸等草原的观光旅游规划使用。

三、技术流程

（一）确定草原观光旅游区规划性质

按照《旅游规划通则》（GB/T 18971—2003）规定，旅游区规划按规划层次划分：为总体规划、控制性详细规划、修建性详细规划等不同性质的规划。旅游区在开发、建设之前，原则上应当编制总体规划。小型旅游区可直接编制控制性详细规划。

旅游区总体规划的任务是分析旅游区客源市场，确定旅游区的主题形象，划定旅游区的用地范围及空间布局，安排旅游区基础设施建设内容，提出开发措施。

旅游区控制性详细规划是以总体规划为依据，针对近期建设的需要，详细规定区内建设用地的各项控制指标和其他规划管理要求，为旅游区内一切开发建设活动提供指导。

旅游区修建性详细规划是针对旅游区当前要建设的地段，在总体规划或控制性详细规划的基础上，进一步深化和细化，用以指导各项建筑和工程设施的设计和施工。

旅游区可根据实际需要，编制项目开发规划、旅游线路规划和旅游地建设规划、旅游营销规划、旅游区保护规划等功能性专项规划。

(二) 组建草原旅游规划团队

组建由旅游、经济、资源、环境、生态、城市规划、建筑、历史、民俗文化、考古与文博等专业专家构成的规划编制团队来承担各类规划任务，针对不同层次的规划，编制人员的专业构成可有所侧重。草原观光旅游区总体规划人员组成要尽量多元化；控制性详细规划人员必须包括城市规划专家；修建性详细规划必须包括建筑专家。

(三) 草原观光旅游基础条件调研分析

1. 收集规划区本底资料，并进行整理分析

收集规划区自然、社会经济、国家和省市区旅游及相关政策、法规、规划等文字资料以及图形、照片和影像资料，并进行系统研究。提炼规划区的自然、人文等地方属性特征，并分析相关政策、经济发展战略、相关规划、区域旅游发展现状趋势等可以赋予旅游区发展机遇的条件。

2. 对规划区进行实地勘察

根据规划区资源分布状况、交通路线等，确定实地调研路线进行实地勘察。对规划区的概况、气候条件、地质地貌条件、水体环境、生物环境等自然环境以及历史沿革、经济状况、社会文化环境等人文环境进行调查；分析规划区进出条件；参照《旅游资源分类、调查与评价》（GB/T 18972—2003），对规划区旅游资源进行数量统计、分类、分级，对旅游资源的规模、质量、等级、开发条件及开发潜力进行科学的分析。

3. 对旅游客源市场分析

分析旅游市场趋势和规划区所面向的旅游者基本情况，全面调查分析区域内旅游者数量和结构、地理来源、旅游方式、旅游目的、旅游偏好、停留时间、消费水平等，定位旅游细分市场，预测规划期内旅游客源市场总量、结构和消费水平。

(四) 确定规划区旅游发展主题与目标

确立规划区旅游主题及形象，制定规划区发展的总体目标、各分期目标以及旅游发展战略。

（五）统筹安排旅游要素的规划方案

提出系列规划方案，主要包括旅游功能分区方案、旅游产品体系规划方案、项目策划方案及设施的空间布局、资源环境保护以及防灾、安全等相关规划方案，可进行多方案优选工作。对近期建设项目进行规划设计与投资分析。

（六）提出规划实施保障措施

提出规划实施的方案，主要包括金融与土地政策支持、经营管理体制、宣传促销、融资方式、人力资源支撑等方面的内容。

四、技术内容

（一）草原观光旅游区总体规划的主要内容及成果

参照《旅游规划通则》（GB/T 18971—2003）的要求，旅游区总体规划成果包括规划文本、图件、附件3部分。其中，图件包括旅游区区位图、综合现状图、旅游市场分析图、旅游资源评价图、总体规划图、道路交通规划图、功能分区图、近期建设规划图等。附件包括规划说明书和其他基础资料等。草原观光旅游区总体规划的主要内容包括：

（1）界定规划期限与范围。草原观光旅游区总体规划的期限一般为10~20年，可与国民经济发展五年计划的时段相对应，分为近期、中期和远期（或中远期）。规划区要有明确的地理空间界限。

（2）全面分析草原观光旅游区发展条件。深入分析草原观光旅游区的自然地理和人文地理环境，发掘其对旅游开发的助力资源。系统分析评估资源和市场耦合体系，对客源市场的需求总量、地域结构、消费结构进行分析，对旅游资源的吸引力进行评价。

（3）基于对草原观光旅游区发展条件的全面分析与评价，确定旅游区的发展主题及接待人数、旅游收入等发展目标。

（4）对草原观光旅游区可划分迎宾区、接待服务区、景观观赏区、娱乐活动区、景观控制区等功能区，明确各功能区发展思路；明确旅游区游客服务中心、食宿等服务设施与附属设施以及水电等基础设施总体布局方案；编制土地利用平衡表。

（5）统筹规划草原观光旅游区的景观系统和绿地系统的总体布局，构建与之相协调的旅游产品与项目体系，提出近期重点项目建设规划，并对旅游区开发建设项目进行总体投资分析。

（6）明确草原观光旅游区与外部公共交通系统的衔接，规划旅游区内部游线系统的走向、道路断面和交叉形式；规划马道、马棚、辘轳车等特色内部旅游交通设施的布局及外延游线；规划旅游区的防灾、安全、环卫系统的总体布局。

（7）划分草原观光旅游区的草原景观资源保护区及相关人文资源的保护类型，提出针对性保护措施；提出防止和治理旅游区污染的措施。综合土地、水等资源情况，测算规划期内的旅游容量。

（8）提出总体规划的实施保障措施，以及规划、建设、运营中的管理意见。

（二）草原观光旅游区控制性详细规划的主要内容及成果

参照《旅游规划通则》（GB/T 18971—2003）的要求，草原观光旅游区控制性详细规划的成果包括规划文本、图件、附件 3 部分。其中，图件包括旅游区综合现状图、各地块的控制性详细规划图、各项工程管线规划图等，图纸比例一般为 1/2 000～1/1 000。附件包括规划说明及基础资料。草原观光旅游区控制性详细规划的主要内容为：

（1）与土地利用总体规划相协调，详细划定所规划范围内各类不同性质用地的界线。

（2）规划分地块，以不影响草原景观观光为前置条件，规定建筑高度、建筑密度、容积率、绿地率等控制指标，并根据各类用地的性质增加其他必要的控制指标。各地块的建筑体量、尺度、色彩、风格等策划要充分立足于民族特色与地方特色。

（3）规定交通出入口方位、停车泊位、建筑后退红线、建筑间距等控制指标。确定各级道路的红线位置、控制点坐标和标高。

（三）草原观光旅游区修建性详细规划主要内容及成果

草原观光旅游区修建性详细规划的成果包括规划设计说明书、图件 2 部分。旅游区修建性详细规划主要是以图示的形式，来直观显示规划内容，规划设计说明书是对图件的解释和说明。

参照《旅游规划通则》（GB/T 18971—2003）的要求：

（1）说明书的内容包括：规划区综合现状与建设条件分析，规划用地布局，景观系统和绿地系统的规划设计，道路交通、工程管线等基础设施系统规划设计，旅游服务设施及附属设施系统规划设计，竖向规划设计，环境保护和环境卫生系统规划设计。

（2）图件包括：综合现状图、修建性详细规划总图、道路及绿地系统规划设计图、工程管网综合规划设计图、竖向规划设计图、鸟瞰或透视等效果图等。图纸比例一般为 1/2 000～1/500。

五、注意事项

（一）严守生态红线

草原观光旅游区规划编制要以《中华人民共和国草原法》《中华人民共和国环境保护法》《中华人民共和国自然保护区条例》《中华人民共和国文物保护法》《全国主体功能区划规划》以及各省市区的草原管理法律规章，诸如《内蒙古自治区基本草原保护条例》《内蒙古自治区草原管理条例》《内蒙古自治区草原管理条例实施细则》等涉及草原保护以及旅游发展的相关条款为纲，在自然保护区的核心区和缓冲区、风景名胜区的核心景区、重要自然生态系统严重退化的区域、具有重要科学价值的自然遗迹和濒危物种分布区、水源地保护区等重要和敏感的生态区域，严守生态红线，禁止开发旅游项目和布局服务设施。

（二）科学适度开发

把草原保护放在首位，正确处理资源保护与利用的关系，科学适度开发，不规划挖鱼塘、挖沟渠、机动车赛场等破坏草原植被的旅游项目，并强化环境教育解说系统，规范旅游者的环境行为。以经济、社会和环境效益可持续发展为指导方针，规划要求草原观光旅游区的服务设施使用节能、轻型、可回收利用的材料设备，推进草原观光旅游区的集约化、低碳化、绿色化发展。草原观光旅游项目策划应当遵守有关建设项目环境保护法律法规的规定，在建设项目环境影响报告书中，应当有基本草原环境保护方案。

（三）践行"多规合一"理念

草原观光旅游区规划编制要以国家和地区社会经济发展战略为依据，以旅游业发展方针、政策及法规为基础，与经济社会发展规划、城乡规划、土地利用规划、生态环境保护规划、基本草原保护规划相适应，践行"多规合一"理念，实现国土空间集约、高效、可持续利用。

（四）高度关注旅游产品差异化

草原观光旅游规划编制要突出地方文化与民族特色，注意保护辽阔草原景观的美学价值，注重区域协同与旅游产品的差异化规划，避免近距离不合理重复建设。

六、引用标准

《旅游规划通则》（GB/T 18971—2003）；
《旅游资源分类、调查与评价标准》（GB/T 18972—2003）。

（乌铁红、王亚芳、韩黎、张婧）

天然草地割草（含轮刈）技术

一、技术概述

（一）背景和意义

防治天然草地的退化是我国北方牧区草地生态恢复和畜牧业生产发展的重要技术瓶颈。广大牧区天然草地传统的利用方式主要是放牧和割草，割草利用与放牧利用相辅相成，在草地畜牧业中具有非常重要的功能。割草利用是冬春季牲畜补饲的重要来源，能够解决牧草生产的季节不平衡性，保证家畜越冬饲草安全，是防灾减灾和稳定畜牧业生产的重要保障。

目前，我国天然草地较 20 世纪 60 年代、80 年代发生了不同程度的退化现象。与此同时，割草场的逐渐消失及退化表征更加突现。北方大面积的优质天然割草场被开垦，加之过度刈割等不合理割草等问题，使得割草场面积严重萎缩，割草场质量衰退，经济潜力及服务功能日趋降低，割草场生态环境恶化。

合理的刈割技术，既有利于牧草的再生和牧草养分的积累，又影响收获牧草的产量与品质。因此，确定适宜刈割时期、刈割次数、刈割高度和刈割方法，开展合理的时空刈割配置，建立合理的轮刈方案，为天然割草场合理刈割和生产力水平提高提供技术支撑，对天然草原可持续利用和畜牧业生产及生态保护具有重要的意义。

（二）关键术语和定义

（1）割草地。割草地是指牧区的天然草原，农区的草山草坡以及沿海滩涂草地。

（2）刈割时期。根据草地草产量、营养物质含量和对翌年草地产量的影响及气候等因素确定的刈割时间。

（3）刈割次数。根据草地草产量、营养物质含量及气候和土壤等环境条件确定的刈割次数。

（4）刈割高度。牧草刈割后的留茬高度。

（5）保留带。割草时，为种子更新和冬季积雪而保留不刈割的条块地带。

（6）轮刈制度。不同地段割草场逐年轮流更换刈割方式。

二、特点

（一）适宜地区

北方半干旱牧区（松嫩平原、呼伦贝尔草甸草原、锡林郭勒典型草原、科尔沁沙化草原、农牧交错区）轻度退化天然割草场。

（二）

使草场植被贮藏足够的营养物质和形成种子，有利于植物的营养更新和种子繁殖，并改善植物的生长条件。

（三）缺点

每年占用一部分割草场作为下田草，不能割草，减少了一些出草量。

三、技术流程

参考 GB/T 27515—2011 天然割草地轮刈技术规程。

（一）割草场刈割技术

1. 割草地的选择条件

• 牧草种类组成：草群以根茎型、疏、密、丛型上繁禾草、高大草本、豆科牧、半灌木以及杂类草为主，组成的适宜割草的天然草地。

• 草群高度：割草地草群叶层高度不低于 35cm。

• 草群盖度：草群盖度不低于 50％。

• 地形：割草地选择地形平坦、低于 15°的坡地、无石块和灌丛，便于机械化作业。

2. 刈割时期

• 根据不同类型的割草地而定，主要考虑产草量高峰期，牧草营养物质含量，其次考虑对牧草安全越冬和翌年再生性等因素。依据大量的研究，1 年 1 次刈割的割草地，以调制优良干草。最适宜的刈割时期是在草群优势种中，禾本科为抽穗期、豆科为开花时期。

• 对高大禾草和杂类草为优势的割草场，刈割时期提前到抽穗和现蕾初期或开花初期。

• 以芦苇为优势的割草地，在抽穗前。

• 以针茅为优势的割草地，在针茅的芒针形成和出现前刈割。

• 以蒿类为优势的割草地，为减少苦味，最好在降霜后或结实期刈割。一般 8～12 天完成。

• 牧草最晚刈割时间，在牧草停止生长前 15～20 天结束。

- 兼顾牧草的产量与品质,北方牧区较适宜刈割时间为 8 月 1—15 日。

3. 刈割次数

根据建群种和优势种或草群再生性以及当地割草特点等确定刈割次数,一般天然草地 1 年割 1 次草。

4. 留茬高度

- 温性典型草原,以上繁草为优势的群落,留茬高度 12cm。
- 温性草甸草原和沼泽类草地,留茬高度 9cm。
- 高大杂类草为优势的群落,留茬高度 10cm。
- 兼顾牧草的产量与品质,北方牧区较适宜刈割高度为 5~7cm。
- 个别类型草地要根据牧草的饲用价值和草地管理需求确定刈割高度:粗大牧草如芦苇、大型苔草和高大杂草等 10~15cm;进行第 2 次刈割的草地应为 8~10cm。

(二)轮刈方案

割草地轮刈是按一定顺序逐年变更刈割时期、次数和培育草地的制度,可根据地区的自然经济条件,因地制宜地确定,适合地区割草特点的轮刈方案,可采用三年三区轮刈和二年二区轮刈方案;退化割草场可采用割两年休一年或割一年休一年刈割制度。

四、技术内容

(一)羊草草原轮刈割草技术

轮刈割草适用于东北松嫩平原和内蒙古高原的森林草甸草原带和相邻的典型草原带,多数地势平坦,适于机械化作业,最佳收获期为种子成熟后的营养生长期,时间为 8 月中旬,留茬高度为 4~7cm。羊草草原轮刈技术按照高度和盖度确定,是一种采用轮换的方式,按照牧草当年生长情况,变更刈割时期、刈割次数和轮刈制度,退化较严重的割草场要减少刈割利用次数,并进行休闲与培育。由于干草生产时间短、季节性强、面积广、生产量大,必须实行机械化作业,进而保质保量地完成冬草贮备工作。也可采用机械收割的方式,刈割后使用翻草机及时晾晒,以便散失牧草中多余的水分,晾晒后可打捆贮藏。

(二)针茅草原割草地利用技术

针茅割草场主要分布在大兴安岭两侧,在芒针形成出现前进行刈割。刈割留茬高度 4~10cm,地面不平时可适当提高高度。可采用机械收割的方式,刈割后可使用翻草机及时晾晒,以便散失牧草中多余的水分,晾晒后可打捆贮藏。针对退化的割草场,采用割两年休一年或割一年休一年刈割制度,进而维持羊草种群及群落总生物量，提高群落氮储量。

（三）杂类草草甸割草地利用技术

杂类草草甸割草地主要分布在松嫩平原和大兴安岭西麓森林草原区，在抽穗初期（现蕾）到开花期可进行刈割，兼顾牧草的产量与品质，北方牧区适宜的刈割留茬高度5～7cm。蒿类草地，在结实期刈割以减少苦味；高大杂类草草地，在抽穗（现蕾）初期到开花期刈割；高大禾本科草地，在抽穗初期刈割。

五、注意事项

根据牧草种类确定不同的适宜刈割时期，留茬高度。刈割时期，尽量避开雨季。如水分过多，则不利于机械作业，也不利于羊草的贮藏。

割草场的轮刈制度，在一定年限内（2～3年）相对固定，待草场植被有所变化时（割草场退化）要进行适当轮换，使各类草场都能均衡生产，防止退化。

贝加尔针茅适宜在抽穗前利用，1年中春季适口性最好。果实成熟时，具有硬尖，易刺伤家畜皮肤，影响羊皮和羊毛质量。

（辛晓平、闫瑞瑞）

川西北高寒草甸冷暖季分区轮牧技术

一、技术概述

川西北高原位于世界第三极——青藏高原的东南缘，地处长江、黄河上游及其主要支流的源头，面积 16.6 万 km²，占全省面积的 34.1%。该区域是我国第二大藏区、唯一羌族聚居区，也是全国五大牧区之一，牧业人口 163 万人。高寒草地是川西北高原的主要草地类型，是藏族生存的基础和文化的载体，面积为 993 万 hm²，占全省草地总面积的 43.8%。在发展草地畜牧业中占有极其重要的位置，生态、经济、政治地位十分重要。

受人们长期不合理利用草地和全球气候变暖影响，目前，该区域草地普遍退化。据 2016 年四川省草原监测报告，全省退化草原面积 1 027 万 hm²，占全省可利用草原面积的 58.1%，较上年下降 0.6 个百分点。其中：草原鼠虫害面积 348 万 hm²（鼠害 268 万 hm²，虫害 80 万 hm²），鼠荒地面积 80 万 hm²，毒害草面积 365 万 hm²（其中紫茎泽兰面积 90 万 hm²），草原板结化面积 334 万 hm²，牧草病害分布面积 19 万 hm²，草原沙化面积 20 万 hm²。这直接威胁到长江中下游地区的生态安全，阻碍了草地畜牧业的可持续发展。

近年来，退牧还草、草原生态补奖、草原防灾减灾，牧民定居等重大生态保护和建设工程和政策的实施，很大程度改善了川西北草地的生态状况和草地畜牧业生产和牧民生活基础设施。高寒草地普遍退化的趋势减缓但尚未根本扭转，生态保护和利用的矛盾依然突出。当前，川西北牧区正处于畜牧业转型升级的关键时期，对退化草地治理技术，草地合理利用和管理技术有迫切的需求。同时，青藏高原是全球气候变化的敏感区。现有的研究表明，气候变化导致草甸植被组成发生变化，湿地萎缩，土壤碳排放增加，灾害天气增加，进而引起草地生态和生产功能发生变化。探索能够适应气候变化的草地利用和管理新技术、新模式，大力进行示范推广，在实践中不断完善和改进，才能为国家重大生态工程建设提供强有力的理论和技术支撑，实现草地资源永续利用，构建长江上游绿色生态屏障，促进川西北高原地区生态、经济和社会的稳定协调发展。

放牧是草地利用最经济的一种方式，放牧影响草地第一性生产力、植物种类组成、土壤养分的循环以及植物地上和地下生物量的分配。适当地放牧可以增加群落资源丰富度和复杂程度，能够维持草地的植物群落结构稳定，提高群落生产力。过度放牧导致草地生境恶化，群落种类成分发生变化，多样性降低，生产力下降。合理的放牧管理系统对于草地生态系统多样性、植被动态性以及草畜产品生产力具有正向的促进、平衡以及优化作用。划区轮牧是一种充分利用饲草生长旺季而进行的集约、区块式放牧管理系统，能够显著增加可采食性饲草的产量并延长其生长寿命；促使草食动物对饲草的充分利用，避免不必要的资源浪费；区块内多余的饲草可用收割贮藏使用；降低家畜对肠胃寄生虫的接触和感染。

划区轮牧是现代畜牧业高效利用放牧草地的一种方式，但是技术要点多，一次性投入成本高，很难在川西北牧区推广。项目组成员将川西北牧区传统的两季放牧和现代的划区轮牧结合起来，提出了草地"4＋3"划区轮牧模式，并在红原县草畜平衡科技园区开展了相关放牧试验。通过对草地群落结构、生产力和家畜体况的连续多年监测，结果表明采用"4＋3"划区轮牧，草地的生物多样性得到提高、群落结构稳定、生产力有一定程度提高、草地利用更有效率。

二、技术特点

本技术适于青藏高原高寒草甸草地，草场面积为 1 000～10 000 亩的冷季草场和暖季草场在一起的家庭牧场或草场共用的联户，在轻度退化高寒草地应用，草地生产力提高 11.4%～20.3%，载畜量增加 0.015～0.035 个羊单位/亩。在青藏高原地区开展的划区轮牧试验比较少，西藏大学农牧学院草地划区轮牧研究表明，采取六区和四区轮牧，高寒草甸建群种藏嵩草的重要指标以及群落总的现存量与盖度均显著高于连续放牧。

三、技术流程

见图 1。

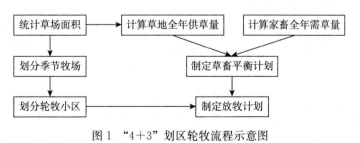

图 1 "4＋3"划区轮牧流程示意图

四、技术内容

(一) 定义

"4+3" 划区轮牧是指将天然草场先划分为暖季和冷季牧场，再将暖季牧场划分为 4 个区（含 1 个休牧区），冷季牧场划分为 3 个区（含 1 个割草区），分冷季、暖季分别在 6 个放牧区进行轮牧的放牧方式。

(二) "4+3" 轮牧设计

1. 统计草场面积

使用 GPS 仪或大比例尺地形图，以牧户或联户为单位，测定可利用草地面积并绘制成图。

2. 划分季节牧场

根据草场的特点和家畜的需要将草场划分为暖季和冷季草场，暖季草场选择在海拔较高的丘陵山地，冷季草场选择在平坝河谷地带。

3. 划分轮牧区

在将草场划分为暖季和冷季草场后，再将冷季草场划分为 3 个小区。其中，1 个为割草区，割草区选择在靠近冬房，种、收、贮草便利的区域，要求土层较厚、土壤肥沃、地势平坦，面积为 0.5～1 亩/羊单位；将暖季草场划分为 4 个区，其中 1 个为休牧区，每个小区用围栏分割开，围栏规格及安装方法参考 DB51/T 472—2005。

4. 计算草地全年供草量

通过草地监测数据以及遥感数据确定草地最高月产草量，在 8 月中旬，结合草地面积估算草地的全年供草量，用以下公式计算，用干草产量或鲜草产量表示。

$$TG = HG1 \times A_1 \times 70\% + HG_2 \times A_2 \times 50\%$$

式中，TG 为全年供草量（kg）；HG_1 为 8 月暖季草场单位面积产草量（kg/亩）；HG_2 为 8 月冷季草场单位面积产草量（kg/亩）；A_1 为暖季草场面积（亩）；A_2 为冷季草场面积（亩）。

5. 计算家畜全年需草量

根据牧户或联户饲养的家畜种类、数量和畜群结构，将家畜换算成标准羊单位。根据标准羊单位的采食量，日消耗 1.8kg 标准干草，计算所饲养家畜全年需草量，计算方法如下：

$$NG = (AY \times C_y + AS \times C_s + AH \times C_h) \times 1.8 \times 365$$

式中，NG 为家畜全年需草量（kg）；AY 为牦牛的数量（头）；C_y 为牦牛折算成羊单位的系数；AS 为羊的数量（只）；C_s 为羊折算成羊单位的系数；

AH 为马的数量（匹）；C_h 为马折算成羊单位的系数。

6. 制定草畜平衡计划

根据草地全年供草量和家畜全年需草量之差，确定年度草畜平衡计划，草盈余可增畜，草亏缺需减畜或购草。

7. 放牧计划

根据家畜的繁殖和生产需要以及草地供草的季节变化，制定某时段或某季节的放牧计划。

（1）季节放牧。暖季草场放牧时间为 5 月中旬至 10 月中旬，轮牧周期 35～45d，放牧频率 3 次。冷季草场放牧时间为 10 月中旬至翌年 4 月下旬，轮牧周期为 35d，放牧频率 2 次。4 月下旬至 5 月中旬为牧草返青期，对牲畜进行舍饲或在较小的范围放牧。

（2）小区放牧天数。暖季草场每小区放牧 15d，具体可根据草场情况适当缩短或延长，冷季草场每小区放牧 35d。

（3）休牧。休牧区在 5 月至 8 月禁牧，休牧区每年在暖季草场的 4 个区间更换。

（4）割草区利用。割草区用于补充冷季饲草不足，在每年 7 月底至 8 月中旬进行割草。割草后，施用复合肥或尿素促进再生草生长。在冷季或者牧草返青期进行短期放牧利用，返青时可施用牛羊粪堆肥或化肥促进牧草生长，生长季节禁牧。

（郑群英）

绵羊划区轮牧技术

羊的放牧采食能力强，具有较强的合群性和游走能力，故适宜放牧饲养。羊放牧效果的好坏除了取决于草场的质量，还取决于放牧的方法和技术是否适宜。轮牧可保证每一块草场都有一定的间歇恢复时间，同时可以保证羊在整个放牧期内获得足够的牧草，以促进其正常发育和生长。轮牧主要包括季节轮牧和划区轮牧两种形式。

一、季节轮牧

季节轮牧是根据四季牧场的划分，按季节轮流放牧。这是我国牧区目前普遍采用的放牧方式，能够合理利用草场，提高放牧效果。在我国大部分养羊地区，由于季节和气候的影响，牧草的产量和质量均呈现明显的季节性变化。因此，必须根据季节性变化、牧草生长规律、草场的地形地势及水源等具体情况规划四季放牧场，才能收到良好的效果。

（一）春季牧场

春季是冷季进入暖季的交替时期，牧草开始萌发，气温多变，气候不稳定。因此，春季牧场应选择在气候较温暖，雪融较早，牧草最先萌发，离冬房较近的平川、盆地或浅丘草场。应注意的是，在有退化的草地，牧草萌发期为"禁牧" 1 个月左右。

（二）夏季牧场

我国夏季气温较高，降水量较多，牧草丰茂但含水量较高。特别是炎热潮湿的气候对羊体健康不利。夏季放牧场应选择气候凉爽，蚊蝇少，牧草丰茂，有利于增加羊只采食量的高山地区。

（三）秋季牧场

秋季气候适宜，牧草结籽，营养价值高，是羊放牧抓膘的最佳时期。牧地的选择和利用，可先由山岗到山腰，再到山底，最后放牧到平滩地。此外，秋季还可利用割草后的再生草地和农作物收割后的茬子地放牧抓膘。

（四）冬季牧场

冬季严寒而漫长，牧草枯黄，营养价值低，此时育成羊处于生长发育阶段，妊娠母羊正处在妊娠后期或产冬羔期。因此，冬季牧场应选择在背风向阳、地势较低的低地和丘陵阳坡。

二、划区轮牧

又称小区轮牧，是指根据草地生产力和家畜数量，将草地划分为若干面积相等的分区，规定每分区的放牧日期，然后按计划分区顺序放牧，并在放牧日程上规定轮牧周期和放牧次数。目前，世界上很多畜牧业发达国家都采用这种放牧制度，其优点有三：一是能合理利用和保护草场，提高草场载畜量；二是可将羊群控制在小区范围内，减少了游走所消耗的热能，增重加快；三是能控制内寄生虫感染。划区轮牧的具体做法如下（表1）：

表1　不同草地类型的轮牧周期、频率、小区数和放牧季长度（理论值）

草场类型	轮牧周期（天）	放牧频率（次）	小区数量（个）	放牧季（天）
温性草甸草原	25～30	3～4	12～24	145～155
温性草原	30～35	3	24～35	130～140
山地草甸	30～45	3	24～30	120～130
温性荒漠草原	40～60	2～3	24～35	160～180
温性荒漠	180～365	1～2	33～61	180～365

（一）确定轮牧周期

全部小区放牧一次所需要的时间为放牧周期。即每个小区的放牧天数和小区数的乘积。如每个小区放牧5天，共8个小区，则放牧周期为40天。轮牧周期的时间，应根据放牧后牧草再生能量的强弱、气候条件的优劣、利用时期等条件来确定。一般认为，再生草达到20cm以上时可以再次放牧。

（二）确定放牧频率

放牧频率是指在一个放牧季节内，每个小区放牧的次数。放牧频率主要取决于草原类型和牧草再生速度。

（三）确定放牧天数

考虑到蠕虫感染和牧草再生，一般不超过6天。

（四）确定小区面积和数量

小区的面积取决于草地生产力，牲畜头数、放牧天数及家畜的日食量。小区面积＝畜群头数×日食量×放牧天数/放牧场可利用产草量。小区数目根据不同地带、不同草地类型的生产力和牧草再生力确定。

（五）小区形状与布局

形状无严格要求，由于修建围栏费用很高，生产上可以自然障碍物（林带、河流、湖、沟等）为分区边界。小区形状可不规范，如果在开阔平整的地方以长方形为优，长宽之比为 3∶1 或 2∶1 布局以进出、饮水方便，少走路，不影响牲畜健康，不影响环境为原则（图1）。

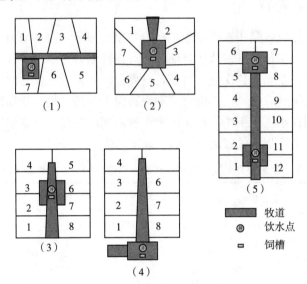

图 1　轮牧分区示意图（贾慎修，1995）

注：（1）～（4）为分区数目较少或放牧地面积较少时的设置，（5）为分区数目很多或放牧地面积较大时的设置。

（六）放牧方法

参与小区轮牧的羊群，按计划在小区依次逐区轮回放牧。同时，要保证小区按计划依次休闲。

三、划区轮牧实例

（一）划区轮牧实例一（周道玮，2015）

1. 基本参数

某家庭牧场有羊草草地 110hm²。草地类型为羊草草地，草地 8 月可收获的最高产量为 2 400kg/hm²，5 月中旬至 9 月下旬 130d 日均产草量 18.0kg/hm²（含 8—9 月放牧后的再生草量），优势羊草的再生恢复时间为 35d，适宜的放牧天数为 4d，每个羊单位每天需要饲草 1.8kg。

2. 放牧天数确定

5 月中旬，此区优势植物羊草处于抽穗前期拔节期，其高度为 15～22cm，适宜开始放牧。10 月上旬出现霜冻，尽管再生羊草仍然为绿色，但由于生长速度很缓慢，不适合继续放牧，适宜放牧天数确定为130d。

3. 确定载畜率

$$载畜率＝日产草量/单位动物日需草量$$

本例中，载畜率＝18.0/1.8＝10

4. 确定冬季打草场面积和夏季放牧场的面积

假设冬季打草场面积为X，夏季草场面积为Y，则$X＋Y＝100$。

假设冬季饲养羊的数量为夏季的一半（羔羊全部出栏），冬季饲养羊的只数应为$10Y/2$，冬季所需牧草为$1.8×10Y/2×230$，则：$1.8×10Y/2×230＝2\ 400X$，两式联立方程求解得到冬季打草场面积为$51hm^2$，夏季放牧草场面积$59hm^2$。

5. 确定区块数和面积

$$所需区块数＝放牧间隔天数/适宜放牧天数＋1$$

本例中，放牧间隔天数为35d，适宜放牧天数4d，因此确定放牧区数为9，每个小区面积6.6（59/9）hm^2。实际生产中，还应考虑奉献区（共享区）区的面积。

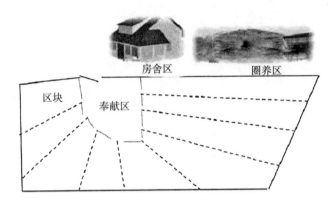

（二）划区轮牧实例二（王成杰，2016）

试验地点：内蒙古荒漠草原。

试验地总面积：$53.4hm^2$。

放牧制度：划区轮牧（$26.7hm^2$）和连续放牧（$26.7hm^2$）。

划区轮牧：小区数9个，每个小区面积177.6m×166.7m。轮牧时间为，夏秋季（6～10月）7天，冬春季（11月至翌年5月）15天。

连续放牧：夏秋场面积533m×250m，放牧时间6～10月；冬春场面积533m×250m，放牧时间11月至翌年5月。

放牧绵羊数：25只成年杂种羯羊［体重（41.45±1.55）kg］，平均年龄为（1.81±0.3）岁。

围栏内设置饮水点，晚上赶回宿营点。

效果：

（1）荒漠草原地区划区轮牧有利于发挥绵羊的生产性能，在草地可利用牧草生物量供应短缺时，表现得更为明显。

（2）划区轮牧减少对牧草的选择性采食，极大地提高了绵羊的采食效率和饲草转化效率，明显减少绵羊运动体能消耗。

（3）草地植被和土壤对放牧制度的反应不很敏感，在短期内变化不明显。

（郭郁频）

中重度退化羊草草地重建技术

一、技术背景

松嫩羊草草地长期刈割利用和粗放管理，已经出现大面积严重退化，影响了区域草地畜牧业的发展和农牧民的收入，恢复改良退化草地已是我国乃至区域草原保护利用的重要趋势。目前，松嫩草地 208.53 万 hm² 依靠自然恢复其顶级植被群落，需要长期的围栏封育和零利用。因此，开展和研究在栽培措施下中重度退化羊草草地的恢复改良，有利于植被与土壤生物的多样性恢复，提高草地生态系统生产性能。

二、适用范围

本技术适用于坡度<15°的中重度退化羊草草地。

三、技术流程

见图 1。

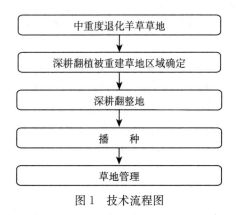

图 1 技术流程图

四、技术内容

（一）草地的确定
过度放牧、刈割和乱挖后植被破坏严重的退化草地。

（二）耕翻时间选择
春秋季节，避开雨季进行深耕翻作业。

（三）深耕翻方法
首先对原生境土地平整作业处理，在选择的中重度退化草地采用五铧犁进行耕翻，耕翻深度25～30cm，因为原生境（苏打盐碱）地板结严重，进一步利用旋耕机进行板结打碎作业，同时平整土地。为了达到植被重建需要标准，在植被重建时再采用圆盘耙整平耙细（对角线方向）。首先采用旋耕机打碎板结土块，最后采用圆盘耙沿对角线方向整平耙细土地（图2）。

图 2 深耕翻机械作业

（四）草种选择
选择适应本地土壤和气候的优质羊草品种。

（五）播种
1. 播期及土壤状况
春季5月初，土壤耕层含水率15％～18％，进行播种。

2. 播种方式
采用条播，行距30cm，播深控制在2～3cm。羊草播量37.5kg/hm²，播种时燕麦做保护，播量100～150kg/hm²，播种后镇压。

（六）草地管理
整个生长季可不进行灌溉和去除杂草，有利于恢复草地覆盖度。围栏封育，禁牧和休刈结合持续2～3年，之后建议每年刈割一次，适度利用。

五、技术应用效果

黑龙江省农业科学院草业研究所兰西科学试验基地已经利用深耕翻植被重

建技术改良中重度退化盐碱草地取得显著成效。技术应用后第 5 年，草地总盖度从 40% 达到 90%，亩产草量由 17.14kg 增加到 204.8kg（干重），按每吨价 800 元计算（含羊草比例高），亩收益 163.84 元。对照区平均亩产 17.14kg，按每吨价 500 元计算（含羊草比例低），亩收益 8.57 元，前者较后者亩增收 155.27 元，扣除植被重建过程中的种子、机械等田间费用 100 元后，亩纯增收 55.27 元。按示范区 200hm² 计算，年收益可增加 16.58 万元，见表 1、图 3。兰西科学实验基地示范的 200hm² 退化草地恢复实例，已经成为兰西县政府辖区草原改良的典型样板，也是兰远自然保护区重要景点。因此，大力推进黑龙江省退化草原改良有理有据，可为畜牧业发展提供坚实基础。

表 1　草地改良试验结果比较（2018 年）

处理	总盖度（%）	主要物种数（个/m²）	亩产量（干重，kg）	pH	土壤有机质（%）
对照区	40	10	17.14	8.9~10.2	1.51
植被重建（第 5 年）	90	13	204.80	7.2~7.6	4.52

图 3　施用深耕翻植被重建技术改良前后效果对比

六、注意事项

（1）深耕翻作业一定要避开雨季，避免耕翻的土壤成块，对土壤整平耙细和播种不利。

（2）重度退化草地深耕翻植被重建后，应严格禁牧，以利于草地植被恢复重建。

（陈积山、孔晓蕾、高超、尚晨、张强、邱桂丽、申忠宝、康昕彤）

半干旱牧区温性草原综合改良技术

一、技术概述

长期以来，由于人们对草地的经营管理不善，尤其是过度放牧、连年刈割利用和开垦等，导致草地生态系统发生逆行演替，结果使草地处于不同程度的退化状态，表现在牧草产量和质量均有不同程度的下降。针对草地生态系统的不同退化程度，可采取一定的草地改良技术来尽可能地恢复草地原有的生产力和生态服务功能。

草地改良是在不破坏或很少破坏原生植被条件下，用生态学基本原理和方法，通过各种农艺措施改变天然草群赖以生存的环境条件，帮助原生植被，必要时引入适宜当地生存的野生种或驯化种改变天然草群成分，增加优良牧草密度和盖度提高草地生产力。草地改良主要分为土壤改良和植被复壮。土壤改良包括松土、浅耕翻、划破草皮、破土切根和施肥等，可以改变土壤理化性质、刺激植物根系，改善土壤的透气、透水性，提高草地生产力，恢复原生植被。植被复壮主要包括自然更新、补播和建设人工草地等，通过增加优质牧草比例提高草地生产力。不同的草地改良措施有各自的侧重点、优势和适用范围，正确选择草地改良措施是能否成功改良草地的前提与基础。

在前人大量研究的基础上，中国农业科学院农业资源与农业区划研究所提出了草原综合改良技术方法，即"土壤疏松＋施复合肥料"技术，可实现增产300％～500％。

二、技术特点

(一) 适宜区域

北方温性草原区，尤其是羊草草甸草原区，包括：松嫩平原、呼伦贝尔草甸草原、锡林郭勒典型草原、农牧交错区不同退化程度的天然割草场或放牧场。

(二) 与相似技术对比的优点

一是该项技术克服了各单项技术适用范围小的缺点，综合运用了物理、化学和生物修复方法，当年即可实现牧草产量和质量的较大提高，可在北方温性草原区，尤其是羊草草甸草原区，效果最佳。二是该项技术操作简单、易学，操作人员经过培训后，即可上手。

（三）与相似技术对比的缺点

一是该项技术需要按照不同区域的养分本底状况，配制专用肥。因此，成本较高，需要一定的前期投入。但以 5 年为期，产投比预期大于 1。二是草地实施该项技术后，5 年内只能做割草场，否则产草量会大打折扣，失去改良作用。

三、技术流程

（一）确定作业时期

根据作业区所在区域的长期气象资料，确定雨季。一般在雨季前 7～15 天内进行改良作业（群落盖度 30％～50％），结束时间不宜超过雨季到来后的 15 天（群落盖度大于 50％，改良效果较差）。

（二）选定肥料种类和施用量

根据土壤养分状况，确定草原退化等级，进而对有机肥、化肥、微生物肥料和植物生长调节剂进行合理配比，确定每亩施用量。之后混合到一起，有条件的地方可将复合肥加工为成品肥。

（三）草原疏松作业

利用草原土壤改良一体机进行疏松作业，疏松针 15cm。根据土壤紧实度情况，确定土壤疏松次数，进而确定肥料播量。

四、技术内容

（一）草原综合改良技术

在每年雨季前 15 天左右，即 6 月 5 日左右开始作业，准备作业机械，划定作业区；根据土壤养分状况，按预期产草量养分需求的 3 倍进行肥料配制；利用草原土壤改良一体机进行疏松作用，一般疏松 3 次，土壤较硬区域再加疏 1 次。

2016 年，开展了改良实验，亩施有机肥 400kg（牛粪有机肥），化肥 50kg（尿素 20kg，磷酸二铵 30kg），微生物肥料 30kg（有效活菌数＞2 亿），植物生长调节剂按各试剂的农田推荐用量。由于当年作业期为 6 月 27 日，已超过最佳作业期，当年产量与对照持平（对照样地产草量为 40g/m²，距地面 10cm 割草）。2017 年，产草量为对照的 6 倍（对照样地产草量为 30g/m²），优质牧草比例（羊草比例）从 18.10％增加到 83.89％。2018 年，为 4.7 倍（对照组产草量为 80g/m²），优质牧草比例从 36.32％增加到 92％，结合单独物理改良和施肥实验结果，单独疏松对羊草株丛数无显著影响，单独肥料添加对所有物种均起到增产效果，所以"疏松＋复合肥料"将是改良实验进一步发展的方向。

（二）效益分析

根据上述试验结果，肥料单价及用量见表1。

表1 肥料单价及用量

序号	肥料	单价（元/kg）	用量（kg）	合计（元）
1	有机肥	0.3	400	120
2	尿素	2.3	20	46
3	二胺	3.4	30	102
4	微生物肥料	5	30	150
5	植物生长调节剂	—	—	20

每亩机耕费40元，机耕费＋肥料每亩费用合计为478元。根据近3年的试验数据和草产品价格，2016—2018年价格分别为1.0元/kg、1.2元/kg和0.8元/kg，3年每亩草产品净增加值420元，预计至少还有2年产量增加，按每亩100元增加值计算，5年总增加值620元，5年净收益增加142元，平均每年净收益增加30元，见图1和图2。

图1 2018年改良效果　　　图2 2018年对照区域

（三）注意事项

（1）土壤含水量高时不宜进行疏松作业。土壤含水量高时，起不到疏松作用，一般以能把土敲碎为宜。

（2）肥料要尽量施撒到土壤中，如果施撒在表面，肥料利用率将至少减少30%。

（3）改良作业的5年内，不宜作为放牧场，建议做刈草场使用。

（辛晓平）

草原浸塑围栏建设技术

一、技术概述

（一）背景

河北省地处内蒙古高原向华北平原的过渡带，是我国北方典型的半农半牧区，全省天然草地面积广阔，主要分布在北部坝上高原、燕山和太行山地区。其中，张承地区作为习近平总书记亲自定位的京津冀水源生态涵养区，在京津冀协同发展格局中占有重要位置。据 2017 年全省草地资源清查，张家口、承德两市天然草原面积 221.2 万 hm²，占全省天然草原总面积的近 79％。依地势自北向南呈阶梯状分布，北部为坝上草原，中南部为草山草坡呈散状分布。由于过去一段时间片面追求经济发展、忽视草原生态功能和草原保护，草原局部地区一度退化严重。自 2000 年起，河北省借助京津风沙源治理、草原生态保护补助奖励政策及绩效奖励资金项目等重点工程，实施围栏封育、人工种草、飞播、基本草场建设、草种基地、棚圈建设、饲料加工机械、牧鸡治蝗等一系列草原保护建设措施。2002 年起，又增加推行了全面禁牧舍饲。通过多年持续努力，草原生态治理方面取得了阶段性成效，草原天路、皇家一号风景大道及沿路"翠茵铺满地、碧麓被连冈"的草原风貌得以重现。

草地围栏作为草原改良一项主要措施，可以最大程度降低人畜扰动，有效促进草原植被自我修复。据不完全统计，截至 2017 年底张承两市累计完成围栏建设近千万亩。监测数据表明，草地围栏工程区植物平均高度比区外提高30％～110％，草原围栏在促进"三化"草原生态治理修复中发挥了重要作用。但是传统的草地围栏主要是刺丝围栏，虽具有造价低、货源充足、施工流程成熟等优势，但其本身也存在易生锈、牢固性不持久、美观度差、易遭破坏偷盗等不足。自 2015 年以来，借助草原生态保护补助奖励政策及绩效奖励项目资金，承德市开始引入浸塑网围栏，在围场、丰宁、滦平、御道口牧场等县区实施浸塑围栏工程 20 万米，成为草原治理工程的新亮点。

（二）目的和意义

张承地区既是京津冀水源生态涵养功能区，又属于燕山—太行山深度贫困带，同时也是河北省重要的旅游区。张承草原既承载着建设首都绿色经济圈、为首都保水源、阻沙源的重要使命，又承担着支持当地畜牧业持续发展、促进贫困地区脱贫致富的历史责任。草原建设保护工作既要着眼于生态保护修复，又要兼顾和谐美观、绿色环保。因此，将过去多用公路、铁路护栏和公园、体育场等市政工程的浸塑网围栏引入草原治理工程，将其作为传统刺网围栏的补充和升级产品，可以有效发挥其耐候性、腐蚀性、牢固性高，免维护和绿色环保兼具装饰性的特点，对促进草原生态保护、降低草原固态垃圾污染、美化草原景观、扩大草原保护政策宣传等方面具有积极的意义。

二、技术特点

(一) 适用范围

该项技术适用于河北省张承地区"三化"草原治理区，及省内外类似条件的草地治理区（含围封禁牧区、轮封轮牧区）和自然保护区、风景名胜区的植被保护修复工程。

(二) 相似技术对比

浸塑围栏一般使用低碳钢丝，经过编织焊接成为规格网片，再通过整体浸塑。钢体表面浸涂一层附着力强的热性工程耐候性高分子树脂保护层，从而达到耐磨、防腐、防锈、按需着色的效果，通过立柱、框架、连接部件设计，组成立体围栏。与传统的刺线围栏相比，具有结构简单、安装简便、便于运输、整体牢固、适应地形地势、外形美观、便于维护等优点，发展潜力巨大。

三、技术流程

主要施工流程：围栏定线→挖坑作业→立柱固定→网片组装→柱基浇筑（然后移至下一个作业单元，从头循环操作施工）→去支固紧（待水泥硬化后）→安装大门→警示标识。

四、技术内容

(一) 围栏施工设计

在完成地形踏查勘测的基础上，确定围栏区域和线路，制定围栏施工设计方案。遵循封闭原则，除可借助的峭壁、河流水库、高速公路等天然屏障外，围栏线路必须封闭；做好沟壑、鱼鳞坑、横跨小溪湿地处等关键点处理，采取加柱、加网、折弯等措施确保围栏无漏点。同时，可合理设置临时豁口，便于施工期运输、作业需要，工程完工前进行封闭。

项目实施单位和施工单位、施工单位和项目部做好技术交底，科学划分作业单元，实行分段施工、分工协作、流水操作。

（二）围栏材料准备及质量标准

1. 网片

矩形网片高（1.4～1.5）m×宽 3m，塑后网丝 Φ≥5mm。常见网孔规格 9cm×17cm、6cm×12cm、7cm×14cm，如果是折弯型网片要带有折弯加强筋。

2. 方框（部分厂家产品可能不带框架）

方框一般由方钢钢管浸塑制成。根据立柱间距不同设计，一般有 2.4m×1.2m 或 3m×1.2cm 规格，框架结构既有利于加强围栏稳固性，又便于网片组装。

3. 立柱

圆铁管 Φ5cm 或 6cm，塑前壁厚≥1.5mm，浸塑厚≥1mm，高 2～2.2m，上部弯头 30cm，预埋深度 50～60cm，安装后地面以上留高 140～160cm。

4. 连接部件

锁扣、螺栓、防雨帽等。

（三）施工流程

1. 围栏定线

（1）平地定线。按图纸要求及实际地形、地物的情况进行施工放线，定出立柱中心线，在欲建围栏地块线路的两端各设一标桩，从起始标桩起，每隔 30m 设一标桩，直至全线完成，使各标桩成直线。

（2）起伏地段定线。在欲建围栏地块线路的两端各设一标桩，定准方位；中间遇小丘或凹地，要在小丘或凹地依据地形的复杂程度增设标桩，要求观察者能同时看到三个标桩，使各标桩成直线。

线路清理，对欲建围栏的作业线路要清除土丘、石块、灌木等，平整地面。

2. 挖坑作业

按照围栏中柱间隔确定坑位，一般间隔为 2.5m 或 3m 两种。坑口 35cm×35cm，坑深 0.5m，特殊区域据需酌情加减。

3. 立柱固定

沿定线起点位置开始，依次竖直放置立柱于坑内，使所有立柱呈线形垂直树立，立柱底端靠实，间距测定核准后，两侧以支柱或附加拉线做临时支撑固定，进行定位。应保持各立柱的中轴线在一条直线上，柱顶连线应平顺过渡，避免出现高低不平的情况。

4. 网片组装

至少定位 3 根以上立柱后，依次挂上网片，以连接件固定。围栏跨越河流、小溪，若河流宽度不超过 5m，可在河流两岸埋设立柱，使围栏跨越河流；若河流宽度超过 5m，则应在河流两岸加密埋设立柱，网片上、下沿加穿钢索固定。

5. 柱基浇筑

在桩基周围以混凝土浇筑，以振动棒震动夯实。为不影响草地景观，浇筑面与地面略低或平齐即可。水泥标号一般应达到 425 号，凝固时间 5～7 天，苫盖、喷水进行养护。

雨季挖坑时因土壤松散容易造成四壁坍塌，可采用模板支撑后混凝土浇筑，把坑挖好后可应用钢制或塑制模板把四壁固定，放入立柱后再填入水泥，水泥抹平后上面覆盖一层塑料膜，防止水泥凝固前下雨冲坏水泥墩，在水泥完全凝固前抽出铁板、填充加固；若围栏施工地点位于洼地、湿地或河边，当遇到挖坑后渗水时，可在坑内套上塑料袋，搁置模板后放入水泥塑型，待水泥自然凝固后去除塑料膜填充加固。

然后移至下一个作业单元，核准线路、确定立柱点位，从挖坑作业开始循环操作施工（图 1）。

图 1　围栏施工中（辅助支撑，已完成柱基浇筑）

6. 去支固紧

对已完成柱基浇筑的作业单元，待水泥养护时间间隔、水泥硬化达到要求后，去除辅助支撑物，对连接螺栓等进行拧紧加固，并做好地表障碍物、垃圾物清除，尽量恢复地表原貌。

7. 安装大门

按照能够满足后期巡查、轮牧通道及应急管理需要来设计围栏门数量及位置。围栏门的宽度应根据地形地势的实际情况而定，一般门宽 3～6m，高 1.4～

1.8m。门柱预先埋置并采取支撑杆、地锚拉索予以加固，门柱通过环与门轴连接，设置门锁专人管理（图2）。

8. 安警示牌

围栏施工结束后，按照每100～200m间隔安装防止偷盗和破坏围栏的警示牌，警示牌要安装在显眼位置，牌的大小、颜色和字体要醒目（图3）。

图2　围栏完工后　　　　　　　　图3　警示牌

五、注意事项

（1）严格执行安全规范，加强安全管理，以保证施工人员的安全。施工现场必须设安全员，认真作好安全监督工作。安全员要盯在工地，发现隐患及时提出警告，予以纠正；对提出隐患置之不理者，可停工或按规定处罚。同时，要做好警示标识及宣传标语和安全保卫工作，防止无关人员接近发生危险。雨季施工要制定应对方案，在山坡和沟渠附近施工时，尽量避开雨天施工，避免遭遇洪水和泥石流。枯草季节，施工要注意防火，制定防火安全管理预案，严格遵守防火制度，做好火灾防范。

（2）围栏材料堆放场应地势高燥，周围方便排水，不得有积水，地面设置垫木或石子隔离层，上面有遮雨棚，或准备好苫布、塑料布，遇雨及时覆盖。对有防水、防潮要求的水泥、螺丝等材料，必须妥善储存、严格管理，不得置于露天，防止雨淋。

（3）围栏必须采用符合环保要求的材料制作。施工中，要避免油污或其他污物散粘浸塑网围栏，发现污物及时进行清理；对施工中浸塑破损部位和现场施焊部位，应专人巡检，进行打磨、防锈漆及表面补漆处理。

（4）加强巡护检查。对围栏设施要经常检查，发现围栏松动或损坏要及时维修。

（黄志龙、于清军、孟兆明、王瑞玲、康佳音、魏小薇、刘玉华、耿鹏智）

辽西北"三化"草原补播技术

一、技术概述

(一)背景

辽西北草原是我国北方重要草原区,包括康平、义县、阜蒙、彰武、建平、北票、朝阳、凌源、喀左、建昌等 10 个半农半牧县(市)(以下简称 10 县),位于内蒙古科尔沁沙地南缘,多风少雨,十年九旱,土壤类型多为风沙土、风蚀土或裸岩,是辽宁省主要草原分布区,也是辽宁省土地退化、沙化、荒漠化的集中区和生态脆弱区。

长期以来,由于受气候干旱、超载过牧、乱挖滥垦及科尔沁沙地侵蚀影响,70%以上的草原退化、沙化、荒漠化严重,生产力水平仅相当于 20 世纪 80 年代的 30%~50%,经济和生态功能低下,给农牧民生产生活造成严重影响,也给全省生态安全带来巨大威胁。

(二)目的和意义

立足改善全省生态环境,实现经济社会可持续发展。通过多年多次多品种牧草补播,增加了草层的植物种类成分,品种优势得以互补,大幅度提高草原植被盖度、高度和牧草产量,改善草群结构,加速了草原植被和生态功能恢复。

二、技术特点

(一)适用区域与范围

本技术适用于辽西北及国内其他类似草原区改良。

(二)技术优点

牧草补播是草原改良方式一种,是在不破坏或少破坏原有植被的情况下,在草群中播种一些适应当地自然条件的、有价值的优良牧草,增加草群中优良牧草种类成分和草地的覆盖度,以达到提高草地植被盖度和优化草群结构的目的。具有成本低,见效快,生态、经济和社会效益显著的优点。

三、技术流程

依据草原原生植被状况、地形地貌、土壤条件等因素，遵循因地制宜、宜早不宜晚、合理搭配品种、加强播后管理的原则，开展沙化补播作业，技术流程如下：

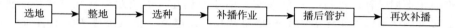

选地 → 整地 → 选种 → 补播作业 → 播后管护 → 再次补播

四、技术内容

（一）术语和定义

以下术语和定义仅适用于本文。

1. 草原荒漠化区

草原土壤严重沙化，部分区域呈沙漠化趋势，植被盖度不足 10％，且以荒漠植物为主，自我修复能力极低。

2. 草原沙化区

草原土壤沙化严重，有机质含量低，植被盖度不低于 10％且小于 20％，以沙生植物为主，自我修复能力差。

3. 草原重度退化区

草原重度退化，有机质含量较低，植被盖度不低于 20％且小于 30％，且构成单一，牧草质量差，具有一定的自我修复能力。

"三化"指草原荒漠化、沙化和重度退化。

（二）播前准备

1. 选地

依据草原原生植被状况、地形地貌、土壤条件等确定补播地块。优先选择地块植被盖度低于 30％、地块土质较好且土层厚度不少于 10cm、地块坡度在 30°以下地块或区域（砾石质地、石质山不宜作为补播地块）。经当地水利、林业部门等进行过整地作业的鱼鳞坑、竹节壕等可优先考虑作为补播地块或区域。

2. 整地

在补播区域，用钉齿耙或镐头搂松 5～10cm 的地表土层，再进行平整作业，达到提高土壤墒情的效果。对于土壤条件较好地块，可适当进行机械或人工耕翻原生植被，整地后新土层厚度要达到 20cm 以上。本技术提倡秋季整地，辽西北地区春季干旱少雨，秋季雨水常常比春季多，秋季翻地能够多积蓄秋冬雨雪，可弥补春墒不足，使秋雨春用。通过深松、翻地等多项作业，有利于提高地块的抗旱能力，改善土壤三相比例，增强土壤肥力和蓄水保墒能力，争取有效积温，便于早播抢农时。

3. 选种

根据辽西北草原地势、地貌、土壤条件和气候条件特点，在试验基础上确定主要补播品种。其中，荒漠化区域补播沙蒿、胡枝子等原生品种；沙化、重度退化类型区补播沙打旺、草木樨、小叶锦鸡儿、荆条及适应较强牧草品种；退化类型区及退化人工草场补播抗旱苜蓿、披碱草、羊草等优质牧草品种。该牧草品种确定技术针对性强，生产生态效果明显。

4. 混播

根据补播地块不同植被类型、盖度、沙化程度等，本技术共设计了 18 个牧草品种混播模式（表 1），补播作业因地制宜选用相应模式，实行豆科、禾本科和灌木多品种类型混播，一年生和多年生多品种类型混播，大大提高了补播效果。

表 1　辽西北草原沙化补播牧草 18 个混播组合

草原类型	植被盖度	草种 1	草种 2	草种 3	草种 4
荒漠化	10%以下	原生种类	沙打旺		
		原生种类	小叶锦鸡儿	沙打旺	
		原生种类	荆条		
		小叶锦鸡儿	荆条	原生种类	
沙化	不低于10%且小于20%	沙打旺	原生种类		
		沙打旺	草木樨	原生种类	
		沙打旺	小叶锦鸡儿	原生种类	
		沙打旺	荆条	原生种类	
		沙打旺	小叶锦鸡儿	荆条	
		沙打旺	小叶锦鸡儿	草木樨	原生种类
		沙打旺	小叶锦鸡儿	草木樨	
		草木樨	沙打旺		
		草木樨	沙打旺	荆条	
		草木樨	沙打旺	小叶锦鸡儿	
重度退化	不低于20%且小于30%	沙打旺	草木樨	原生种类	
		沙打旺	草木樨	荆条	原生种类
		沙打旺	草木樨	小叶锦鸡儿	
		沙打旺	草木樨	荆条	小叶锦鸡儿

（三）补播作业

1. 补播时间

补播时间主要采取春播夏播相结合，根据降水情况，适时抢墒补播，宜早不宜晚。首次补播完成时间不应晚于当年 5 月 15 日。期间，根据返青及降水情况，对缺苗区进行再次补播，当年 7 月 15 日之前完成全部补播作业。

2. 补播方式

主要以条播和撒播为主，结合穴播。草本类牧草全部实行条播或撒播，灌木类牧草实行穴播。

（1）植被盖度较低或片状裸露区域可采取撒播方式。

（2）沙化、退化严重，植被盖度极低、裸露区域大的地块或退耕种草地可采取条播方式。

（3）地势不平的草山、草坡采用环山等高开沟播种，灌木类牧草可采用等高串带穴播方式，带宽 2～3m，带间距 5～8m，株距 0.5～1m。

（4）地势平坦地块可采用条播和撒播相结合方式。

3. 播种量和播深

根据草原沙化、退化、荒漠化程度和植被盖度确定每亩播种量，一般为 1.5～2.5kg。播种深度，草本牧草 1～2cm，灌木类 2～3cm。

条播是用镐头或两齿钩按行距 30～35cm 开沟，每延长米 100～200 粒，均匀分布。

撒播是整地后用人工或撒播机把牧草种子撒播在地表，300～500 粒/m^2，均匀分布。

穴播是按一定的行距、株距用镐头刨坑，采用深挖—回填土—播种—覆土踩实的播种方法。穴径为 30cm，每穴点播种子 10～20 粒，均匀分布。

4. 覆土和踩实

覆土和踩实是补播作业最后一个重要环节，直接影响种子的成活保苗。一般以浅覆土为宜，草本牧草覆土 1～2cm，豆科牧草覆土 2～3cm。通常在播种后采用牲畜践踏、人工脚踩、拖拉机拖带树枝，有条件的可用镇压器等进行覆土压实。

（四）播后管护

1. 围栏封育

播种当年和第 2 年牧草生长前期，其根系较浅、生长缓慢。为了不影响牧草的生长与存活，保证植被盖度，播后需进行围栏封育，确保补播后的幼苗及时得到保护。

2. 牧草病害防治

在补播牧草出苗后，做好菟丝子防治工作，进行人工拔除或化学防治，做到早发现、早防治。

3. 牧草虫害防治

在牧草幼苗期，每年的六七月份，做好蝗虫虫害防治工作，可采取生物防治或化学防治等措施，确保补播成果。

4. 再次补播

补播作业完成后，根据出苗、保苗实际情况，在气候条件允许下，应及时组织开展再次补播，直到达到补播效果，一般每年可补播 1～3 次。

五、注意事项

牧草补播必须严格按照技术要求进行。根据当年规划选择适合补播地块，规范开展整地作业，确定合理的补播时间与补播品种，采取相应的补播方式，播后加强日常管护，尤其是在牧草生长前期应严格实施围栏封育，确保补播效果。

六、应用效果

通过采取多年多次多品种牧草补播作业，草群结构得以改善，品种优势效果叠加，草原植被盖度、高度和牧草产量大幅提升，加速了草原植被和生态功能修复，水土流失明显降低。

监测结果表明：

（1）沙打旺＋草木樨补播区：平均植被高度 37.2cm，比对照区提高 463.6%；平均植被盖度 75.3%，比对照区增加 54.4 个百分点；平均牧草产量 3 243kg/hm²，比对照区提高 757.9%。

（2）多种牧草混播区：平均植被高度 30.4cm，比对照区提高 360.6%；平均植被盖度 72.8%，比对照区增加 47.9 个百分点；平均牧草产量 2 559kg/hm²，比对照区提高 577.5%。

辽西北草原沙化治理工程补播流程见图 1

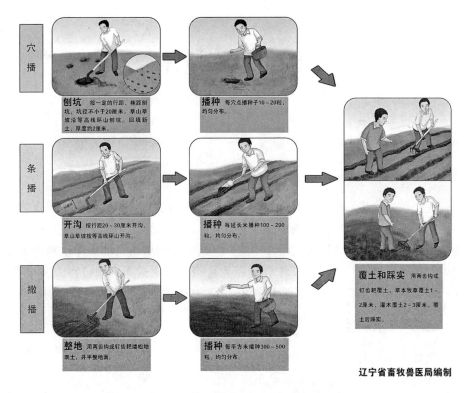

图1 辽西北草原沙化治理工程补播流程图

（刘天华、严秀将）

飞播种草技术

一、技术概述

飞播种草是指利用飞机作业撒播草种的种草方式。飞播区域应选择地势开阔、地形高差小、草原面积集中连片的退化、沙化草地。所选草种应是适宜于播区生长，有水土保持、防风固沙作用，且具良好饲用价值的多年生草种为主的多个草品种组合。飞播种草不仅给畜牧业带来很大效益，而且在改善生态、生产和生活环境方面也发挥着巨大作用，受到各级领导重视和广大农民的欢迎。

二、技术特点

飞播种草具有以下技术特点：

速度快——播种 $67\sim133hm^2/h$；

范围广——不受地形、地貌制约；

效果好——落种均匀、出苗整齐；

成本低——单位面积费用低于其他种草方式 $30\%\sim60\%$。

三、技术流程

见图1。

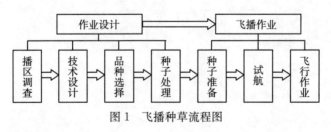

图1 飞播种草流程图

四、技术内容

（一）播区选择

（1）所选播区集中连片，面积不小于1万亩，播区内有效面积在80％

以上。

（2）具备适宜飞播草种发芽成苗和生长的自然条件，植被盖度在35%以下，土层厚度不小于15cm。

（3）地形高差小，进出航两端净空条件好，1 500m内无突出山峰，地势开阔。

（4）能够就近使用现有的机场及设备，播区土地边界清楚。

（5）播区选择符合当地土地利用、生态环境治理和畜牧业发展规划。

（二）种子选择与处理

1. 种子选择

所选用的草种适于播区自然条件，能够适应飞机播种。主要飞播牧草草种及组合见表1，按照GB/T 2930的规定执行，所需种子必须达到二级以上标准。

表1 主要飞播牧草种及组合、播种量

土壤类型	适合飞播牧草品种及组合	参考播种量（kg/hm²）
砂质土	沙打旺	6～7.5
	白沙蒿	4.5～7.5
	沙打旺+白沙蒿	4.5+2.25
	沙打旺+草木樨	4.5+2.25
	沙打旺+白沙蒿+草木樨	3+2.25+1.5
	苜蓿+沙打旺	6+3
壤土	紫花苜蓿	11.25～15
	羊柴	15～22.5
	二色胡枝子	15～22.5
	苜蓿+草木樨	5.25+2.25

2. 种子处理

（1）筛选净化，并做好千粒重和发芽实验。

（2）用根瘤菌和增产菌拌种，拌种后马上播种。

（三）播种期确定

在雨季，根据历年气象资料分析，结合当年天气预报和所播牧草生物学特性，确定最佳播种期。

（四）飞播技术设计

1. 播区位置图绘制

在1∶50 000的地形图上标出播区的位置、范围、经纬度。

2. 飞播作业方式确定

根据播区的地形和净空条件，播区的长度和宽度，每架次播种带数，确定飞播作业方式。飞播作业方式分单程式、复程式、穿梭式等。

（1）单程式：一架次所载种子，正好单程播完一带。

（2）复程式：一架次所载种子，往返正好播完。

（3）穿梭式：一架次所载种子，在若干个往返中播完。

3. 飞行作业航向设计

航向尽可能与播区主山梁平行，在沙区与沙丘脊垂直，并与作业季节的主风向一致，侧风角最大不能超过 30°，同时尽量避开东西方向。在无法避免的情况下，可用调整作业时间或单向作业的方法解决。

4. 飞行作业服务企业确定

为确保飞行作业质量和效果，从拥有民航局颁发了运行合格证的航空企业中，按照相关规定择优确定 1 家飞行作业服务企业。达到以下要求的航空企业方可确定为飞行作业服务企业。

（1）具有航空管理部门颁发的通用航空经营许可证、商业运营人运行合格证；

（2）具有依法取得执照的航空人员；

（3）具有与所从事的通用航空活动相适应，符合保证飞行安全要求的民用航空器；

（4）近两年与飞播种草相同或相近飞播作业业绩达到 2 万亩以上；

（5）保证飞机播种覆盖率至少达到 90%。

由飞行作业服务企业制定具体飞行作业方案，要求将机型、作业方式、航高、航速、每架次装种量、飞行架次以及如何确保飞播质量和飞行安全的具体措施等写入方案，飞行作业服务企业按照审批后的方案实施飞行作业。航高一般控制在 50~80m，播幅 10~20m，压标作业。

5. 导航方法设计

采用北斗定位系统与固定地标相结合的方式。

6. 试航

飞播作业前，由设计人员和机组人员共同进行空中或地面视察，熟悉航路、播区范围、地形地物、航标位置及通讯等情况，并拟定作业方案。

7. 飞行作业

按照播区范围、播带、播种量、航高等设计要求压标作业，并根据风向、风速和地面落种情况及时调整侧风偏流、移位及出种口开关。

8. 落种质量检查

在航标点上放置接种布检查落种质量，应达到 100 粒/m² 。

9. 播后地面处理

沙丘及山区，播后可赶进牛羊群踩踏，地形平坦开阔、土壤表层板结的播区，可采用钉齿耙带状耙地。

10. 人工补播作业

根据设计对飞机难以作业的宜播地块及时进行人工补播。

11. 播后围栏

使用坚固耐用，防畜效果好，具有强度大、弹性大、使用可靠、寿命长、通风透光、美观大方、对气候适应性强、便于安装、维修简便的围栏材料对工程区进行围栏。

12. 管护

由工程承包者负责草场的管护及治虫灭鼠工作。

13. 成效调查

播后对飞播质量和效果进行调查和评定。

（1）调查时间。飞播当年调查两次，出苗一次，霜前一次，了解出苗效果及当年成苗率。第二年返青后调查一次，了解越冬保存率，每次割草前测产一次。调查结果要登记表 2、表 3 入档保存。

表 2　飞播质量调查表

飞播地点：　　　　　　播种时间：　　　　　　调查时间：　　　　　　调查人：

地形	地类	播区面积（hm²）	植被类型	播种量（kg/hm²）	调查样方个数	平均成苗数/m²		成苗率（%）	保存率（%）
						灌、半灌木	混播		

表 3　飞播效果调查表

调查时间：　　　　　　　　　　调查人：

播区地点	飞播时间	播区面积（hm²）	播前植被情况			播后效益		
			植被类型	盖度（%）	产量（kg/hm²）	植被类型	盖度（%）	产量

（2）调查方法。①固定样方法：采用在播区内均匀设置 1m² 样方，每

5hm² 设置样方一个。②标准地法：在播区踏察，了解飞播效果概况，然后在不同立地条件分别选择有一定代表性的标准地，每种立地条件选 3～5 块标准地，在标准地按一定距离均匀设置足够数量的样方。适用于播区面积≥330hm²，地形复杂的山区的调查。

（五）成效等级评定

牧草飞播的成效等级评定，要依据成苗面积率和盖度两项指标进行，具体评定方法按照表 4 的规定执行。

表 4　成效等级评定标准

等级	成苗面积率（%）			效果评定
	高原区	山区丘陵	平原农区	
1	≥80	≥75	≥90	优
2	≥70	≥65	≥80	良
3	≥60	≥55	≥70	合格
4	<60	<55	<70	不合格

五、注意事项

（1）坚持预防为主，保护优先的原则。保护好现有植被，防止造成新的破坏，对防止沙化蔓延，改善生态环境，具有事半功倍的意义。要切实吸取长期存在的边治理、边破坏，治理速度赶不上破坏速度的教训，采取禁牧措施，全面保护好现有植被，切实使治理工作在妥善保护的基础上扎实推进。

（2）坚持生态效益、经济效益、社会效益相结合的原则。实施生态治理，关系到广大农民的切身利益，一定要尊重群众意愿，通过政策引导，使农民群众认识到国家采取的措施，既是改善生态环境的需要，也是调整经济结构、增加收入的必然选择，符合农民的根本利益，使生态治理成为群众的自觉活动。

（3）坚持国家、集体、个人一起上的原则。搞好生态建设是一项意义极大的社会公益事业，需要采取国家投入为主的投资机制，用政策保护和调动广大群众参与工程建设的积极性，确保工程顺利实施，又要通过相关政策的落实引导全社会自觉投入到工程建设中去。

（4）强化领导，明确责任。成立飞播种草工程领导小组，层层落实责任制，农牧局局长为第一责任人，下属按照各自的职责分工，明确责任，协调配合。

（5）强化科技保障工作。全面强化科技保障工作，做到对工程建设实行科学规划、科学设计、科学实施，切实将科技保障贯穿于工程规划和实施的全过程。

（6）健全管理制度，加强项目管理。制定工程管理办法，做到按规划立项，按项目管理，按设计施工，在项目实施过程中，加强项目的检查，发现问题及时解决。

（7）要选择与农民合作社进行合作。由农民合作社进行地面处理、漏播区补播、围栏及后期管护，所产的草归合作社所有，农民有了经济效益，提高了农民的积极性，又保障了国家投资的生态效益，相互促进，实现生态、经济、社会三大效益的统一。

（8）强化项目后期管理。为确保治理成果长期发挥效益，限定最高载畜量，严禁超载放牧。

（张焕强、刘冬生、赵新军、张兴红）

坝上温性退化草原改良技术

一、技术概述

由于过度利用以及气候干旱等原因，温性草原普遍出现退化现象，从而导致草地生产力下降，有毒有害植物增多，草地生态环境趋于恶化。应用草地培育技术对温性退化草原进行改良，可提高草地植被盖度，改善草群组成，增加优良牧草比例，提高牧草产量和品质，改善草地生态环境。

二、技术特点

（一）适用区域范围

此技术适用于我国北方温性草原类草地的改良。

（二）改良效果

温性草原改良效果与草地退化程度、改良年限均有密切关系。总体来说，草地封育可提高草群高度达 2～3 倍，草地植被盖度可提高 30%～60%。其中，优良牧草盖度大幅度提高，而杂草盖度下降，草地牧草产量增加可高达 5～6 倍，草地生境得到显著改善。草地补播后，增加了优良牧草种类成分，改善了牧草品质，草地植被盖度增加可高达 4 倍，牧草产量增加可高达 8 倍，有毒有害植物减少，草地生态系统稳定性提高。划破草皮可促进根茎型和根茎—疏丛型优良牧草的生长和繁殖，牧草产量提高可达 30%～50%。草地合理施肥可使牧草产量增加 30%～100%，甚至更高。草地封育、补播以及施肥等措施结合使用，改良效果更好。

三、技术流程

见图 1。

四、技术内容

（一）草地封育

草地封育是把草地暂时封闭一段时期，在此期间不进行放牧或刈割利用，

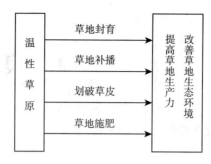

图 1　技术流程图

使牧草有一个休养生息的机会，逐渐恢复草地生产力，促进草群自然更新。

（1）封育草地的选择。由于过度利用而退化的草地，进行围栏封育效果较好。

（2）草地封育的时间。在草地生产力恢复到可利用的程度后，应在适宜时期进行轻度利用。

（3）草地封育的材料。可以用网围栏、电围栏对草地进行封育，也可就地取材使用栅篱等进行围封。

（二）草地补播

草地补播是在不破坏或少破坏原有植被的情况下，在草群中播种一些适应当地自然条件的高产优质牧草，提高草地植被盖度和草地生产力，改善草群组成和牧草品质的草地培育措施。

1. 补播草种的选择

选择适应当地气候条件、适口性好、高产优质的牧草种类。一般来说，优先考虑源于本土的抗旱耐寒的优良草种；其次，根据草地利用方式的不同，选择适宜株丛类型的草种，下繁草适于放牧利用的草地，上繁草更适于刈割利用的草地。

温性草原适宜补播的部分草种为：羊草、冰草、老芒麦、披碱草、扁蓿豆、胡枝子、黄花苜蓿、锦鸡儿、沙打旺等。

2. 播床的准备

为提高补播成功率，可在补播前用圆盘耙或松土铲等对草地进行松土；松土补播机既可起到松土的作用，同时也进行了补播。补播前，可通过化学除草剂去除狼毒等部分有毒有害杂草，减少其与补播草种的竞争。

3. 补播时间

北方温性草原地区可在初夏时节进行补播。

4. 播种量

一般来说，当种子用价（发芽率×纯净度）为100％时，禾本科牧草种子播种量为 22.5～34kg/hm²，豆科牧草为 11～22.5kg/hm²。具体草种的播种量应视种子大小、轻重等因素而定，并通过种子用价对播种量进行校正。

5. 播种深度

一般牧草的播种深度不应超过 5cm，具体草种播种深度取决于牧草种子大小和土壤质地等因素。大种子播种深一些，小种子播种浅一些，质地疏松的土壤可播种深一些，质地黏重的土壤播种浅一些。

6. 播种方法

飞机撒播、播种机械开沟条播。

7. 补播后的管理

草地补播后，要进行围封，防止家畜踩踏；当年应禁牧，待来年补播植物生长到可利用程度时可轻度放牧；有条件的地区可进行灌溉和施肥。

（三）划破草皮

划破草皮是在不破坏天然草地植被的情况下，通过对草皮进行划缝来提高土壤通气性的草地培育措施。

1. 适用草地

以根茎型和以根茎—疏丛型植物为主的草地。

2. 使用机具

动力牵引的无壁犁、燕尾犁等，也可用松土补播机进行划破。

3. 划破草皮的深度

一般以 10～20cm 为宜，划缝的行距为 30～60cm。

4. 划破草皮的适宜时间

宜在早春土壤开始解冻时或晚秋进行；若春季干旱多风，则在夏季雨后进行。

（四）草地施肥

应测土施肥，在明确草地营养元素亏缺种类和亏缺程度的基础上，因地制宜科学施肥。

1. 施肥种类

在非禁牧的草原上，经常有家畜排泄物及残草有机物，可不进行施肥。超载过牧、退化严重的草地可施用有机肥或无机肥料。以禾本科为主的草地，多施用氮肥；有较多豆科植物的草地，多施磷钾肥，少施氮肥。

2. 施肥时间

在植物生长前期，结合降雨天气进行施肥效果较好。有条件的地区，可在施肥后进行灌水。

3. 推荐施肥量

有机肥 $15\sim25t/hm^2$，腐熟的厩肥可在秋季施入；无机肥料 N：$30\sim45kg/hm^2$，P_2O_5：$30\sim45kg/hm^2$，K_2O：$30\sim45kg/hm^2$。在春季返青时施入全肥，牧草刈割后追施相同量的磷钾肥，放牧利用后追施相同量的氮肥。

五、注意事项

（1）对草地改良区域及时进行草地虫害和鼠害的防治，以及草地杂草的防除。

（2）各种改良措施结合使用，效果更好。如围栏封育期间结合补播、施肥、灌溉等措施，补播结合松土与施肥等措施。

（吴春会、于海良）

西北干旱风沙区退化草原
补播改良技术

一、技术概况

本技术主要针对西北干旱风沙区天然草原退化严重，导致草场植被盖度下降，优质牧草比例降低，草场结构和稳定性功能下降等问题，通过牧草优化配置技术、农机农艺融合技术等，对退化草原进行人工补播改良，最终实现退化草原草地群落结构、功能、稳定性和质量趋于恢复，优质牧草比例提高，植被生产力提升。

二、技术特点

(一) 技术适用范围

本技术适用于年降雨量在 250～300mm 的干旱风沙区，植物群落结构单一，植被总盖度低于 35%，或者植被群落中可食优质牧草比例低于 30%，劣质不可食牧草比例高的退化草原。

(二) 技术效果分析

1. 土壤水分及植物群落结构的变化

(1) 土壤贮水量的变化（图 1）。通过监测补播后土壤贮水量的变化，发现在整个牧草生长季土壤贮水量基本上均呈现下降趋势，但整体上经过人工补播改良的草地土壤贮水量比天然草地（对照）年平均增加了 10.31%。

(2) 草地群落盖度的变化（图 2）。通过监测补播改良后草地群落结构，发现补播后草地植被盖度逐渐增大，在补播后第三年盖度达到了 72.53%，连续两年盖度分别比对照（原生草地）的盖度（35.33%、59.67%）提高了105.29%和21.56%。其中，补播后第三年对照（原生草地）盖度较高的原因是，补播草地和对照（原生草地）均采用围封的措施，围封后因个别月份降雨集中，因此对照（原生草地）中一年生杂草猪毛蒿等凸显，故此对照（原生草地）的盖度增大。

(3) 草地群落地上生物量的变化（图 3）。通过监测补播后草地群落地上生

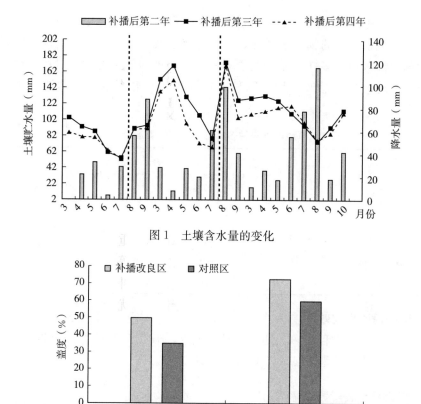

图 1　土壤含水量的变化

图 2　草地群落植被盖度变化（加入补播后第四年数据）

物量数据，发现补播草地和对照（原生草地）地上总生物量均呈现逐渐增加趋势。其中，地上生物量的月变化在9月份时达到最大，分别达到512.8g/m² 和359.63g/m²。补播后第二年和第三年补播草地总生物量分别为 52.08g/m²、204.69g/m² 和补播后第二年和第三年对照（原生草地）总生物量分别为 23.91g/m²、135.51g/m²，补播草地分别较对照增加了 28.17g/m² 和 69.17g/m²。

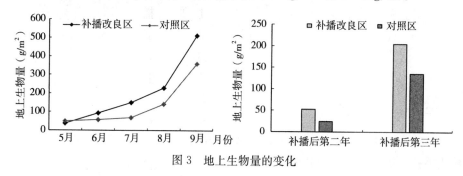

图 3　地上生物量的变化

（4）草地群落物种多样性、生态优势度及均匀度的变化。通过对补播改良后草地植物群落的物种多样性、生态优势度及均匀度的分析发现：补播改良后草地群落物种多样性显著大于对照区，物种均匀度也大于对照处理。说明退化草地经过补播改良后，物种多样性提高，群落结构和功能趋于稳定（表1）。

表1　草地群落物种多样性、生态优势度及均匀度

物种	补播示范试验	
	补播改良草地	对照（CK）
总种数	10	7
物种多样性 Shannon - Wiener 指数	2.629	1.821
生态优势度 Simpson 指数（SN）	0.184	0.322
均匀度 Pieloμ 指数（JP）	2.629	2.155

2. 补播改良成效

补播后，在当年8—9月进行出苗率调查，第二年3—4月进行越冬返青调查，5—9月进行草地改良成效调查，见图4。

播前原始地貌　　　　　　出苗　　　　　　　越冬前

第二年春季　　　　　　第二年7月　　　　　　试验监测区

图4　补播改良成效

三、技术流程

该技术主要包括：播前种子、机械等的准备，不同抗旱牧草优化配置，机械化播种，播后封育管护和成效监测等。

四、技术内容

(一)播前草品种选择与配置

1. 播前种子准备（技术流程图见图5）

补播草种主要选择耐干旱、耐贫瘠、营养价值与饲用价值较高的禾本科、豆科牧草以及半灌木、灌木品种，且以当地优良的乡土草种为主。播种前，要筛选收集优良的抗旱牧草品种，并对所选补播草种进行发芽率、种子活力等的测定，对硬实率较高的种子进行硬实处理。

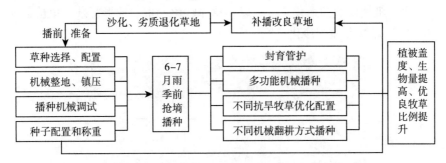

图5 技术流程图

2. 草品种选择与配置

（1）不同翻耕补播改良方式。通过前期大量的抗旱牧草筛选试验，本技术补播牧草品种主要选择蒙古冰草、沙打旺、牛枝子、羊柴（花棒）。其中蒙古冰草配比占 50%、沙打旺占 20%、达乌里胡枝子占 20%、羊柴（花棒）占 10%。播种量为实面积为 $15\sim22.5kg/hm^2$，毛面积为 $7.5kg/hm^2$。

（2）不同牧草优化配置。通过前期补播试验对牧草品种的筛选，本技术补播牧草品种主要选择蒙古冰草、沙生冰草、沙打旺、胡枝子、黄芪、羊柴（花棒）（表2）。播量为 2.0kg/亩，三种混播模式如下：

表2 退化草原补播改良牧草种子质量要求

植物种	千粒重（g）	净度（%）	发芽率（%）	种子含水率（%）
蒙古冰草	1.60～1.80	≥90	≥80	≤11
沙生冰草	2.30～2.50	≥90	≥80	≤11
沙打旺	1.80～2.50	≥95	≥85	≤10
达乌里胡枝子	1.90～1.95	≥95	≥80	≤12
草木樨状黄芪	1.65～2.00	≥85	≥80	≤10
羊柴	14.00～16.00	≥85	≥70	≤10

禾本科牧草混播：蒙古冰草（1.4kg/亩）＋沙生冰草（0.6kg/亩）；

禾本科＋豆科牧草混播：蒙古冰草（1.0kg/亩）＋沙生冰草（0.4kg/亩）＋沙打旺（0.3kg/亩）＋牛枝子（0.3kg/亩）；

禾本科＋豆科＋灌木牧草混播：蒙古冰草（1.0kg/亩）＋沙打旺（0.4kg/亩）＋胡枝子（0.4kg/亩）＋羊柴（0.2kg/亩）。

（二）立地条件及播种机械

1. 立地条件

群落结构单一、植被盖度低于 35%、优质牧草比例低于 30%、地形相对平缓、便于机械作业的退化草原；以及草原沙化严重、地形复杂、植被盖度低于 20% 的连片的大面积沙化草原（图 6）。

图 6 立地生境

2. 播种机械要求

（1）35kW 以上拖拉机。

（2）耕作宽幅在 1.5m 左右的三铧犁，耕地深度为 20～30cm。

（3）多功能播种机，作业宽幅为 2.2～2.4m，播种机要有 4～5 个分斗，粒径大小一致的豆科种子混合在一起，作为一个斗；禾本科种子单独分斗；粒径较大的牧草种子作为一个分斗，其中每个斗控制 2 个开沟播种器，并配有单沟镇压轮，可实现单行开沟、覆土、镇压（图 7）。

（三）补播改良

1. 补播时间选择

混播草种有豆科牧草时，补播时间为 6 月下旬至 7 月中旬，以保证豆科牧草能正常越冬；以禾本科牧草为补播草种时，补播时间为 6 月下旬至 8 月上旬。根据当地气象预测预报，有中雨或连续小雨，降雨量不少于 20mm 时，在雨前或者雨后播种。

图 7　播种机械

2. 雨水高效利用

选择在雨水充足、降水量在 20mm 以上的 6—7 月，进行雨前抢墒补播改良作业。其具体技术要点是，通过机械整地，利用天然降雨达到蓄水保墒的效果；通过多功能播种机的深开沟、浅覆土达到雨水的高效利用（保水作用），通过机械的镇压，使得补播牧草种子能充分和地下土壤接触（提水效果），以保证补播牧草草种能正常发芽出苗。

3. 机械整地

采用机械翻耕原理，在保证尽量少破坏原生草场植被的情况下，进行隔带松土补播，人工干扰的面积不超过 30%。采用条带补播改良 3×7 的模式（补播改良带宽 3m，保留原生植被带宽 7m）。用 36kW 拖拉机悬挂三铧犁在雨季作业，深翻深度为 30～40cm，浅翻深度为 15～20cm。

4. 播种

牧草种子撒播镇压联合机，与四轮拖拉机配套，可一次完成开沟、播种、覆土和镇压，作业行数根据需要安装成 4～5 行。所用双橡胶辊式排种器可满足禾本科、豆科牧草种子的播种要求。其工作幅宽 2.0～2.2m，播种深度 0.5～3.0cm。

补播改良流程见图 8。

（四）播后封育管理及成效调查（图 9）

1. 封育管理

补播作业后，要对补播区进行围栏封育 3～5 年。全封育期严禁开垦、放牧、割草、砍柴、挖药和采摘等人为活动，并安排专门管护人员对围栏封育区域内的草原进行日常巡护。

2. 补播后改良效果监测

（1）补播改良出苗率及越冬率调查。

犁地　　　　　　　　　　　　镇压

称种　　　　　　　　　　　　装种

调试播种量　　　　　　　　　播种

图8　补播改良流程

调查时间。当年9月底进行补播出苗率调查；第二年春季3—4月进行补播牧草返青时间及越冬率调查。

调查内容。牧草出苗时间、生长高度、根系生长长度、单位面积补播牧草的种类和数量等。

调查方法。牧草的生长高度采用小卷尺进行测定，每个牧草品种随机选取10个测定自然生长高度；根系生长长度，采用挖根法，随机挖取每个牧草品种10株进行根系长度测定；密度和越冬率调查采用1m×1m的样方，随机选取6个样方进行单位面积不同品种牧草数量的测定。

（2）补播改良效果监测。

调查时间。从补播改良后第2年开始，于每年5—10月调查，持续监测5

出苗情况	出苗（禾本科）
出苗（豆科）	成效调查
生长指标监测	土壤水分监测

图 9　补播改良效果及成效调查

年左右。

　　监测的主要内容。土壤水分、养分等变化；植物群落的盖度、密度、高度、频度和生物量。盖度监测采用针刺法，频度监测采用样圆法。

　　补播改良最终成效评价。补播改良 3 年后对播区进行成效调查。调查的内容主要包括：植物群落总盖度，群落优势度指数，群落丰富度指数，群落多样性，草地生产力（群落生物量），草场等级等。

（王占军、何建龙、季波）

图书在版编目（CIP）数据

草原牧业实用技术．2018 / 全国畜牧总站编．—北京：中国农业出版社，2020.3
　　ISBN 978-7-109-27190-6

　　Ⅰ．①草…　Ⅱ．①全…　Ⅲ.①草原－畜牧业－生产技术　Ⅳ.①S812

　　中国版本图书馆 CIP 数据核字（2020）第 148395 号

中国农业出版社出版
地址：北京市朝阳区麦子店街 18 号楼
邮编：100125
责任编辑：赵　刚
版式设计：王　晨　　责任校对：吴丽婷
印刷：北京中兴印刷有限公司
版次：2020 年 3 月第 1 版
印次：2020 年 3 月北京第 1 次印刷
发行：新华书店北京发行所
开本：700mm×1000mm　1/16
印张：12.5
字数：226 千字
定价：58.00 元
